DEUX HÉMISPHÈRES UN CERVEAU

DOMINOS

Collection dirigée par Michel Serres

et Nayla Farouki

JEAN-LOUIS JUAN DE MENDOZA

DEUX HÉMISPHÈRES UN CERVEAU

Un exposé pour comprendre
Un essai pour réfléchir

DOMINOS
Flammarion

Jean-Louis Juan de Mendoza. Professeur de psychologie à l'université de Nice-Sophia-Antipolis, Jean-Louis Juan de Mendoza enseigne à tous les niveaux du cursus universitaire, du DEUG au doctorat, les contenus et la démarche de la psychologie expérimentale. Les thèmes abordés dans ses enseignements concernent principalement la méthodologie de la recherche, la statistique, la perception, la mémoire et la neuropsychologie. Il est docteur en physiologie animale et titulaire d'une habilitation à diriger les recherches en psychologie.
Dans le cadre du laboratoire de psychologie expérimentale et comparée de l'université de Nice, ses activités de recherche portent essentiellement sur l'étude des relations existant entre processus perceptifs, activités mnésiques et spécialisation fonctionnelle des hémisphères cérébraux. Il a publié de nombreux articles dans des revues spécialisées.

Ce livre a paru une première fois sous le titre
Cerveau gauche, Cerveau droit.

ISBN : 2-08-035463-9
Imprimé en France

Sommaire

La première fois qu'apparaît un mot relevant d'un vocabulaire spécialisé, explicité dans le glossaire, il est suivi d'un *

Je suis redevable envers la terre où j'ai grandi
Encore plus envers la vie qui m'a nourri
Mais ma dette la plus grande est envers Allah
qui a pourvu
Ma tête de deux côtés bien distincts

Je préférerais encore me passer de chemise
ou de chaussures
D'amis, de tabac ou de pain
Plutôt que perdre ne serait-ce qu'un seul instant
Un des deux côtés de mon cerveau

RUDYARD KIPLING
(Kim, 1901)

Avant-propos

Imaginons, si c'est possible, une sorte de super-ordinateur constitué de plusieurs dizaines de milliards de microprocesseurs*, chacun établissant des connexions avec plusieurs milliers de ses voisins, échangeant continuellement des informations sous forme de messages chimiques libérés par des impulsions électriques.

Face à cette vertigineuse perspective, grande est la tentation de renoncer à décrire le fonctionnement d'une telle machine en arguant de son extrême complexité, et tenace le préjugé selon lequel les recherches sur le cerveau humain, puisque c'est de lui qu'il s'agit, ne permettront jamais de « comprendre » un organe si complexe.

Une telle attitude soulève un problème épistémologique* fondamental dans la mesure où elle amène à poser la question : « Qu'est-ce que comprendre ? ».

Le but de la démarche scientifique est précisément de fournir des modèles, valables à un moment donné, permettant de rendre compte des observations effectuées dans un domaine précis de connaissance, et donc de « comprendre » d'une certaine façon une partie du monde qui nous entoure.

Or, pour tout objet d'étude, il existe plusieurs niveaux de « compréhension ». S'agissant du cerveau humain, on ne peut raisonnablement envisager que son étude, si rigoureuse et si complète soit-elle, puisse fournir un modèle exhaustif de son fonctionnement. Ainsi, selon leur spécialité et leur formation, le psychologue, le physiologiste, le biochimiste ou le cybernéticien* seront amenés à utiliser des concepts et des outils méthodologiques propres et, en fin de compte, à proposer des modèles différents du fonctionnement cérébral. Chacun de ces modèles, élaboré dans une perspective différente, correspond donc à un certain niveau de compréhension, mais aucun n'est susceptible de fournir à lui seul une représentation exhaustive du fonctionnement du cerveau.

Cependant, il appartient à des approches pluridisciplinaires ou transdisciplinaires de confronter ces différents modèles, et, par cette confrontation même, de permettre leur enrichissement mutuel. La neuropsychologie constitue l'une de ces approches, et c'est précisément dans cette perspective que s'inscrira cet ouvrage.

Dans une première partie, après avoir rappelé quelques grands principes indispensables pour comprendre le rôle que jouent les hémisphères cérébraux dans la vie de l'individu, nous tenterons de montrer, en nous plaçant dans une perspective chronologique, comment la démarche neuropsychologique a progressivement permis d'accroître les connaissances et comment, parallèlement à ce progrès des connaissances, ont évolué les modèles de ce qu'il est convenu d'appeler la « spécialisation hémisphérique ».

Dans une seconde partie, nous engagerons la réflexion sur les implications concrètes de la conception selon laquelle il existerait deux modes de pensée, et donc deux manières différentes de saisir le monde, liées au fonctionnement préférentiel de l'un ou de l'autre hémisphère cérébral.

Vue supérieure d'un cerveau humain. *A première vue, les deux hémisphères paraissent symétriques et séparés par un profond sillon interhémisphérique.* Ph. © C. Chumbley/SPL/Cosmos.

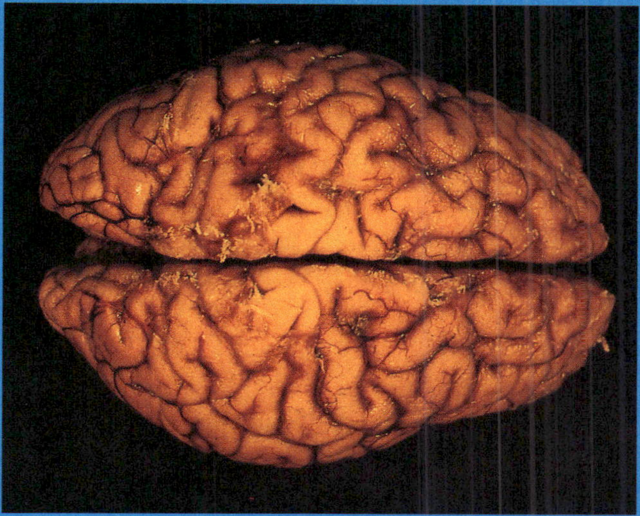

Une science
à la croisée des chemins

Le fonctionnement du cerveau

Un peu d'anatomie

Le cerveau de l'homme adulte pèse en moyenne 1 300 g, soit environ un quarantième du poids du corps. Il est constitué de deux masses distinctes sensiblement symétriques, les hémisphères cérébraux, qui semblent indépendants à première vue. En fait, ils communiquent anatomiquement entre eux grâce à des liaisons « interhémisphériques », dont la plus importante est constituée par un ensemble d'environ deux cents millions de fibres nerveuses à conduction rapide, le corps calleux, par l'intermédiaire duquel l'hémisphère droit et l'hémisphère gauche peuvent échanger des messages nerveux.

Le cerveau humain présente également à sa surface de nombreux sillons dessinant un réseau complexe de circonvolutions cérébrales, parmi lesquels deux sillons plus marqués que les autres, la scissure de Rolando et la scissure de Sylvius, constituent des repères anatomiques permettant de distinguer sur chaque hémisphère quatre lobes : frontal, pariétal, temporal et occipital. C'est le lobe frontal, particulièrement développé dans notre espèce, qui donne au cerveau humain sa morphologie caractéristique, qui le distingue de celui des autres primates.

La coupe transversale du cerveau fait apparaître que, à l'exception de quelques noyaux gris bien visibles, sa masse est constituée de substance blanche ; sa surface, en revanche, est entièrement recouverte d'une couche continue de substance grise épaisse de 1 à 5 mm seulement, l'écorce cérébrale, ou *cortex*. Son examen au microscope montre que le cortex est formé de six couches superposées de cellules nerveuses, ou neurones, très nombreuses (vraisemblablement plus de trente milliards pour l'ensemble du cortex) et très richement connectées entre elles.

L'organisation fonctionnelle de l'écorce cérébrale

Dans le cadre classique de la comparaison entre cerveau et ordinateur, on peut considérer les organes des sens comme les périphériques d'entrée des informations (capteurs), les muscles et les glandes comme les organes de sortie (effecteurs), et le cortex cérébral comme l'unité centrale : c'est bien dans la « matière grise » corticale que sont réalisées la plupart des opérations de traitement des informations.

Grâce aux messages en provenance de ses organes des sens, l'individu traite des informations, dites « sensori-perceptives », qu'il doit reconnaître pour en extraire la signification ; il agit sur et dans le milieu où

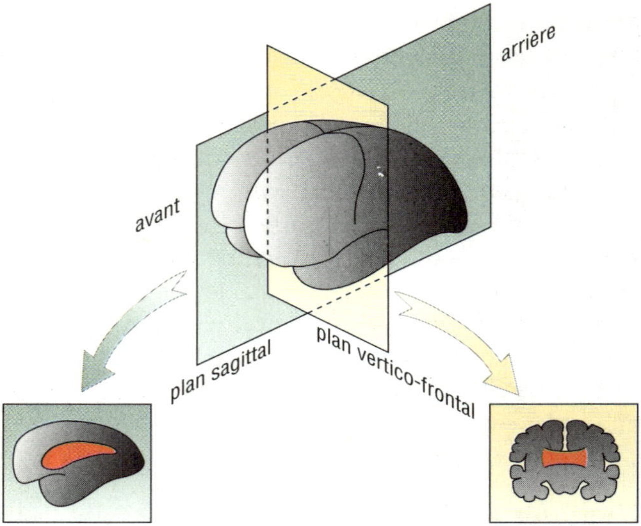

Le corps calleux.
Deux coupes schématiques du cerveau (sagittale et vertico-frontale) révèlent la présence et la morphologie du corps calleux (en rouge), qui constitue la principale voie nerveuse de communication entre les deux hémisphères cérébraux.

il se trouve par le biais de mouvements observables, appelés « réponses motrices ».

Les expériences de stimulations permettent de dresser une « carte » sommaire de la surface du cerveau. La zone du cortex située en arrière de la scissure de Rolando est plutôt impliquée dans le traitement des informations centripètes* sensori-perceptives, alors

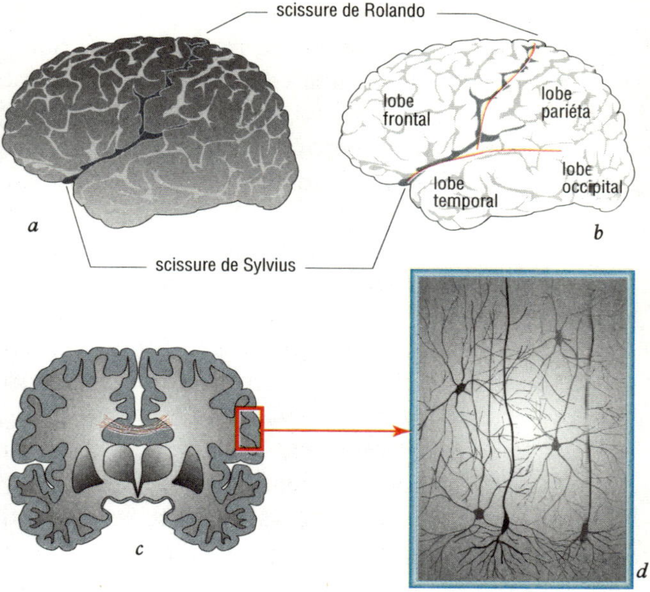

Anatomie schématique du cerveau.
a - Vue latérale d'un hémisphère cérébral gauche.
Les replis de sa surface dessinent un réseau complexe de circonvolutions.
b - Les scissures de Rolando et de Sylvius constituent des repères anatomiques permettant de distinguer sur chaque hémisphère quatre lobes cérébraux (frontal, pariétal, temporal et occipital).
c - Sur une coupe vertico-frontale, on remarque que le cerveau est essentiellement constitué de substance blanche, et recouvert sur toute sa surface d'un manteau de matière grise : l'écorce cérébrale, ou cortex.
d - L'examen au microscope d'une petite portion du cortex cérébral révèle l'extraordinaire complexité de cette structure, au sein de laquelle les cellules nerveuses (neurones) forment un réseau très dense.

que les messages nerveux centrifuges*, organisateurs et déclencheurs de mouvements, trouvent leur origine principalement dans la zone corticale située en avant de la scissure de Rolando.

La stimulation électrique ou mécanique d'une région précise du corps donne naissance à un message nerveux que l'on peut recueillir à l'aide d'une électrode placée sur l'écorce cérébrale, et dont on peut localiser très précisément le point d'arrivée (potentiel évoqué). On montre ainsi que les messages en provenance des organes des sens (messages sensoriels) aboutissent en arrière de la scissure de Rolando (cortex rétrorolandique), sur l'hémisphère opposé au côté stimulé, de telle sorte que les stimulations de la partie gauche du corps donnent lieu à un potentiel évoqué sur l'hémisphère droit, et *vice versa*. C'est le principe d'action croisée. La vision constitue cependant une exception importante à ce principe, chaque œil envoyant des messages aux deux hémisphères cérébraux.

Il est possible de dessiner point par point à la surface du cortex une représentation sensorielle détaillée du corps humain, puisque à toute région de la surface du corps correspond une zone précise de recueil du potentiel évoqué sur l'écorce cérébrale.

Mais la plus grande partie du cortex rétrorolandique est constituée de zones dites « de convergence hétérosensorielle », c'est-à-dire qui reçoivent simultanément des messages provenant de parties différentes du corps. Ces zones, dans lesquelles se réalise l'intégration d'informations arrivant de sources sensorielles diverses, constituent le cortex associatif.

La destruction, accidentelle ou chirurgicale, d'une aire sensorielle primaire s'accompagne d'une perte de la sensibilité de la zone corporelle correspondant à l'aire corticale lésée (anesthésie). Par exemple, si la zone sensorielle primaire de l'hémisphère gauche correspondant à la main droite est lésée, l'individu perdra toute sensibilité (tactile, thermique, douloureuse) de cette main. Les aires sensorielles primaires interviennent donc dans la genèse des sensations.

Si c'est une aire associative qui est atteinte, l'individu conservera intactes ses sensations, et ne présentera pas d'anesthésie ; mais il pourra, selon la localisation de la lésion, manifester une agnosie*, c'est-à-dire une incapacité à reconnaître des objets familiers. Ainsi, il sera impossible à un sujet atteint d'agnosie tactile de reconnaître tactilement et de dénommer un objet connu placé dans sa main mais caché à sa vue, alors qu'il demeurera capable d'en faire une description complète.

Les aires associatives sont donc impliquées dans la fonction dite « gnosique », terme sous lequel on regroupe les activités cognitives de perception, de reconnaissance et d'identification des objets et des événements ; et c'est un aspect particulier de cette fonction qui est perturbé dans l'agnosie.

Un cas particulier d'agnosie, la prosopagnosie*, se manifeste par une incapacité à reconnaître les visages familiers. Contrairement à ce qu'on pourrait penser, ce trouble est relativement difficile à détecter, et il n'affecte pas sévèrement le comportement du prosopagnosique, qui met en place des stratégies compensa-

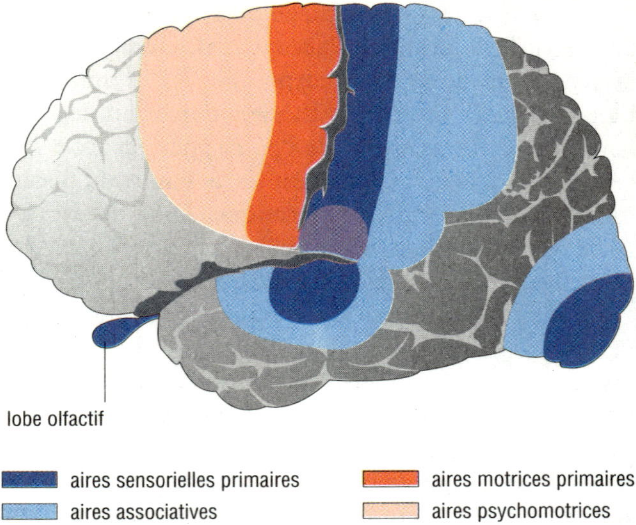

Cartographie fonctionnelle d'un hémisphère cérébral gauche.
Les aires motrices sont situées en avant de la scissure de Rolando, les aires sensori-perceptives en arrière. La destruction d'une zone localisée dans une de ces aires pourra avoir divers effets : anesthésie (aires sensorielles primaires), agnosie (aires associatives), paralysie (aires motrices primaires) ou apraxie (aires psychomotrices).

toires efficaces : il utilise d'autres indices que le visage pour identifier une personne, comme sa démarche, le son de sa voix, ses vêtements, ou encore le contexte dans lequel elle se trouve. Il semble bien acquis actuellement que cette forme d'agnosie s'observe en association avec des lésions des aires associatives de l'hémisphère droit.

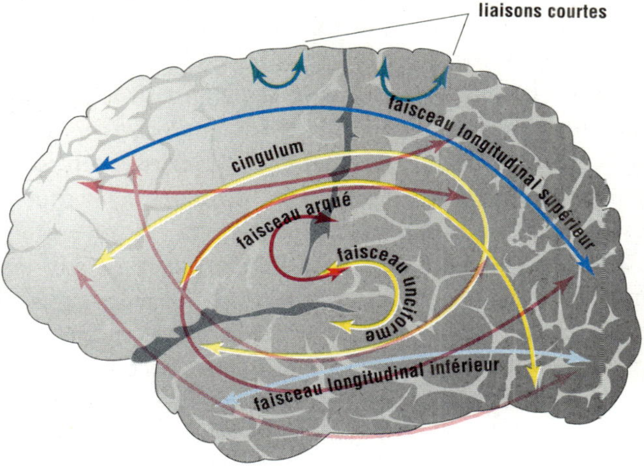

Principaux faisceaux d'association intrahémisphériques.
Grâce à ces voies de communication, les aires cérébrales peuvent échanger continuellement entre elles des messages nerveux, et traiter ainsi les informations en provenance des différentes régions du cerveau.

La localisation des aires cérébrales impliquées dans le mouvement peut être aussi effectuée par stimulation électrique de l'écorce cérébrale, en observant les mouvements éventuels induits par la stimulation. Dans le cortex prérolandique, la stimulation de certains points entraîne un mouvement limité, qui intéresse un seul muscle ou un seul segment corporel bien localisé (un doigt, par exemple), de sorte qu'il est possible de dessiner point par point sur le cortex une représentation du corps, motrice cette fois, qui constitue le cortex moteur primaire.

Mais la stimulation d'autres régions du lobe frontal, situées en avant du cortex moteur primaire, peut s'accompagner de mouvements complexes, intéressant plusieurs muscles ou groupes de muscles, et mobilisant plusieurs segments corporels. On retrouve donc aussi à ce niveau de véritables zones associatives motrices, les aires psychomotrices, impliquées dans la coordination et la planification de mouvements élémentaires en vue de la réalisation de gestes complexes.

A l'instar de ce qui se passe sur le versant sensori-perceptif, l'effet d'une lésion du cortex moteur dépend de sa localisation. La destruction d'une partie du cortex moteur primaire entraîne une perte de la motricité de la zone corporelle correspondante (paralysie), alors que l'atteinte d'une zone motrice associative ne s'accompagne pas de paralysie de l'individu. Elle laisse intacte sa capacité à effectuer tous les mouvements élémentaires mais le rend incapable d'organiser et de coordonner ces mêmes mouvements en vue d'une activité particulière (apraxie*). Ainsi, l'apraxie de l'habillage se manifeste par une incapacité à s'habiller correctement (endosser et boutonner sa chemise, enfiler son pantalon ou nouer sa cravate) chez un sujet non paralysé.

L'existence des apraxies vient à point pour nous rappeler que de nombreux gestes appris de la vie quotidienne ou professionnelle sont exécutés de façon si automatique que nous n'avons pas conscience de leur complexité. Or, le simple fait de lacer ses chaussures (et que dire d'activités telles que jouer d'un instrument de musique !) suppose une programmation et une coordination très subtiles, que l'on désigne sous le terme de « praxie ». Les aires psychomotrices sont donc impliquées dans la fonction dite « praxique », responsable de la programmation et de la réalisation des gestes complexes.

Là encore, le principe d'action croisée s'applique sans aucune exception : l'hémisphère droit élabore les messages moteurs responsables des mouvements de la partie gauche du corps, et inversement.

Si les deux hémisphères cérébraux communiquent entre eux, grâce notamment au corps calleux, il faut savoir que, au sein même de chaque hémisphère, des faisceaux de fibres nerveuses, dits « intrahémisphériques », relient les différentes aires corticales entre elles, permettant ainsi les transferts d'informations d'une zone à une autre : d'une aire primaire à une aire associative, d'une aire associative à une autre, d'une aire sensori-perceptive à une aire motrice. De plus, le cortex est lui-même en relation avec d'autres structures cérébrales, en particulier les noyaux gris centraux*.

Ainsi faut-il concevoir le cerveau essentiellement comme un organe de traitement des informations, dont les différents composants dialoguent sans cesse entre eux en échangeant des messages nerveux de nature électrochimique. C'est grâce à ces incessants échanges informationnels que l'individu va prendre

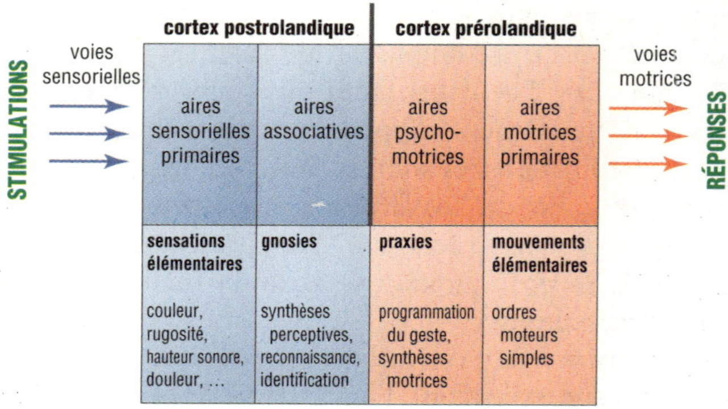

Représentation du fonctionnement cérébral.
Les différentes aires corticales sont spécialisées dans la réalisation des diverses fonctions permettant l'adaptation de l'individu au monde qui l'entoure. Les aires sensori-perceptives sont impliquées dans la genèse des sensations (aires sensorielles primaires) et dans la perception des objets et des événements (aires associatives). Les zones motrices jouent un rôle indispensable dans la programmation et la coordination des gestes complexes (aires psychomotrices) et dans la réalisation des mouvements élémentaires dans l'ordre du programme (aires motrices primaires).

connaissance du monde qui l'entoure, confronter les informations recueillies à ses connaissances antérieures stockées dans sa mémoire, faire des observations ou des hypothèses sur l'état de ce monde et sur ses éventuels changements, et adapter sa conduite en conséquence.

La neuropsychologie

La neuropsychologie a pris naissance dans la seconde moitié du XIXe siècle. A cette époque, si le cerveau était assez bien décrit sur le plan anatomique, son rôle était très mal connu, et la conception que l'on en avait était restée pratiquement inchangée depuis des siècles.

On doit à Franz Josef Gall la présentation en 1825 d'une théorie révolutionnaire, la phrénologie*, qui repose sur le postulat que les différentes « facultés » intellectuelles et morales de l'homme seraient localisées chacune dans une zone précise de l'écorce cérébrale. Selon Gall, pour déterminer les qualités morales et intellectuelles d'un individu donné, il suffisait de palper la surface de son crâne et de repérer les bosses, qui signalaient un plus important développement des zones corticales sous-jacentes, donc des facultés correspondantes. Par exemple, ayant constaté que les sujets qui possédaient une bonne mémoire des récits avaient souvent les yeux saillants, Gall, sans hésitation, s'était cru autorisé à localiser le siège de la mémoire dans les lobes frontaux, qui, à cause de leur important développement, pousseraient en avant les globes oculaires.

En dépit du caractère fantaisiste de ses pseudo-observations, qui prêtent aujourd'hui à sourire, et dont il ne subsiste plus guère que la populaire « bosse des mathématiques », les intuitions de Gall ont joué un rôle décisif dans la naissance du courant localisationniste*, qui postule l'existence de liens, fonctionnels et localisés, entre activités mentales et structures cérébrales. On peut considérer que la neuropsychologie a acquis son statut scientifique en 1861, grâce aux premières observations réalisées et publiées par Paul Broca (*cf.* p. 32).

Comme son nom l'indique, l'approche neuropsychologique est par nature pluridisciplinaire, puisqu'elle utilise les concepts et méthodes de la psychologie cognitive et de la neurophysiologie.

La psychologie cognitive considère l'homme comme un système de traitement de l'information et a pour ambition d'étudier les mécanismes par lesquels un individu recueille des informations (perception) grâce auxquelles il acquiert des connaissances (apprentissage), en conserve la trace (mémoire) et les utilise dans des situations concrètes (conduites intelligentes) en vue de son adaptation au milieu dans lequel il vit.

La neurophysiologie, quant à elle, vise à décrire et à comprendre le fonctionnement du système nerveux, et particulièrement du cerveau, considéré précisément comme l'organe de traitement de l'information.

On pourrait donc définir la neuropsychologie comme une discipline scientifique visant à étudier les relations qui lient les processus cognitifs aux activités des structures cérébrales. Elle constitue une branche essentielle des « neurosciences cognitives », dont l'importance a été consacrée officiellement par l'attribution en 1981 du prix Nobel de médecine à l'un de ses représentants, le chercheur américain Roger Sperry.

La neuropsychologie a contribué de façon très importante au développement des connaissances dans le domaine de la spécialisation hémisphérique, c'est-à-dire dans la mise en évidence de différences entre les hémisphères cérébraux droit et gauche, tant en ce qui concerne les fonctions cognitives qu'ils assurent que dans leur mode de fonctionnement respectif.

Les méthodes d'étude de la spécialisation hémisphérique

L'évolution des connaissances en neuropsychologie a été et est toujours tributaire des progrès réalisés dans les techniques d'observations.

Ainsi, jusque vers les années 60, l'étude de la spécialisation hémisphérique se limitait à la méthode anatomoclinique, qui repose sur l'observation de sujets présentant des lésions cérébrales plus ou moins étendues (sujets cérébrolésés). Le principe en est simple : si un individu présente, au cours de sa vie, un trouble observable d'une fonction psychologique (par exemple un trouble du langage, de la perception, de la mémoire ou du raisonnement) et que l'on peut repérer conjointement une lésion cérébrale plus ou moins étendue, on établira une relation causale entre le trouble observé et la lésion correspondante, et on pourra en déduire que la zone cérébrale lésée est normalement impliquée dans la fonction psychologique considérée.

Les premières observations des lésions cérébrales ne pouvaient être effectuées qu'après le décès du patient (examen *post mortem*), mais les progrès réalisés dans les techniques chirurgicales comme dans les méthodes d'investigation (scanner, échographie, imagerie cérébrale*) ont permis l'étude des relations entre fonctions psychologiques et lésions cérébrales chez des individus vivants, avec, de surcroît, des possibilités accrues d'observation de lésions limitées et bien localisées.

Des exemples de telles observations apparaissent dans les années 50, notamment en Amérique du Nord, sur des populations d'anciens combattants présentant des blessures cérébrales pénétrantes ou sur des sujets épileptiques ayant subi l'ablation d'une zone corticale limitée considérée comme étant le foyer épileptogène.

Un cas particulier de lésion cérébrale dont l'étude s'est révélée très fructueuse est celui des sujets présentant une déconnexion interhémisphérique par destruction accidentelle ou pathologique du corps calleux, ou dont le corps calleux a été sectionné volontairement au cours d'une intervention chirurgicale.

On peut à juste titre se demander comment a pris naissance dans l'esprit d'un chirurgien l'idée apparemment saugrenue de réaliser une opération consistant à séparer les deux hémisphères cérébraux d'un patient. Il faut préciser que cette intervention, qui semble barbare, a été réalisée dans les années 60, après que de nombreuses opérations effectuées sur divers animaux (chat, singe) eurent montré que leur comportement n'en paraissaient pas profondément affecté ; elle est considérée comme un dernier recours thérapeutique à envisager seulement dans le cas de patients souffrant d'épilepsie grave et invalidante, réfractaire aux autres thérapeutiques. On pensait qu'en procédant ainsi les crises épileptiques n'affecteraient qu'une moitié du cerveau, préservant ainsi l'hémisphère sain.

Curieusement, on constate chez les malades opérés une disparition presque complète des crises des deux côtés, sans que le caractère ou les facultés intellectuelles des patients soient affectés de façon notable. Bien qu'ils n'aient évidemment pas été opérés dans ce dessein, on comprendra aisément que ces individus *split brain* (littéralement « cerveau partagé »), dont les deux hémisphères fonctionnent indépendamment l'un de l'autre, sans possibilité d'échanger des informations, puissent constituer un matériel de choix en vue de l'étude des compétences respectives des hémisphères cérébraux. C'est d'ailleurs sur ce type de sujets que l'équipe de Sperry a effectué la plupart des études qui devaient assurer sa notoriété.

La méthode anatomoclinique, bien qu'elle permette seulement d'établir une corrélation – et rien de plus – entre une atteinte d'une structure cérébrale et un dysfonctionnement psychologique, continue à être utilisée dans de nombreux travaux. Elle présente cependant deux inconvénients majeurs : les lésions observées sont plus ou moins étendues, rendant parfois difficile l'interprétation en termes de localisation précise des structures cérébrales impliquées, mais, surtout, ces lésions sont irréversibles, ne permettant pas de comparer le comportement de l'individu cérébrolésé à celui qu'il aurait lui-même manifesté en l'absence de lésion.

Il est cependant possible de reproduire expérimentalement, de façon temporaire et réversible, les effets de l'ablation de l'un ou de l'autre hémisphère cérébral grâce à la méthode de Wada. Cette technique consiste en une injection, dans l'artère carotide* droite ou gauche, d'une substance hypnotique, l'amytal sodique*, qui a pour effet de mettre « hors circuit » pendant quelques minutes l'hémisphère cérébral situé du côté où a été effectuée l'injection. Les effets de l'amytal sodique se dissipant, le sujet recouvre toutes ses facultés, sans aucune séquelle.

Cette technique est très utile pour déterminer, avant d'effectuer une intervention chirurgicale sur le cerveau, quel est chez ce patient particulier l'hémisphère cérébral qui gouverne le langage, afin d'évaluer les conséquences possibles de l'opération, et notamment les risques de graves séquelles postopératoires. En raison de son caractère non traumatisant, elle peut – avec quelques réserves cependant – être appliquée au sujet sain. La détermination de la dominance cérébrale pour le langage s'effectue en demandant au sujet de se livrer à une activité verbale pendant et après l'injection (compter à voix haute, dénommer des objets, par exemple). Une injection dans la carotide gauche entraîne très rapidement, comme on peut s'y attendre, une hémiplégie droite complète. Si, en outre, l'individu manifeste des troubles du langage, on pourra affirmer que c'est bien dans son hémisphère gauche, temporairement anesthésié par l'amytal sodique, que se trouvent localisées les fonctions du langage. Dans le cas contraire, l'absence de troubles du langage permettra de déduire que c'est l'hémisphère droit, laissé intact par l'injection à gauche, qui gouverne cette fonction.

A partir des années 60 sont apparues d'autres techniques d'observation et d'expérimentation, dont l'interprétation est moins évidente, mais qui présentent l'avantage d'être utilisables aussi bien chez le sujet pathologique que chez le sujet sain. Les plus utilisées sont l'écoute dichotique et la méthode tachistoscopique.

La technique d'écoute dichotique consiste à émettre simultanément dans les deux oreilles d'un sujet, grâce à un magnétophone stéréophonique, deux messages sonores différents. Il suffit ensuite de demander au sujet de dire ce qu'il a entendu : s'il rapporte le message reçu par l'oreille droite, on en déduira que c'est l'hémisphère gauche qui a traité en priorité cette information, et inversement (rappelons-nous le principe d'action croisée).

La méthode tachistoscopique, pour sa part, consiste à projeter sur un écran, pendant une durée très courte (quelques centièmes de seconde), un stimulus visuel (mot écrit, image, photographie) d'un côté ou de l'autre d'un point sur lequel le sujet doit fixer son regard. Dans ces conditions, le stimulus apparu à gauche du point de fixation oculaire est traité

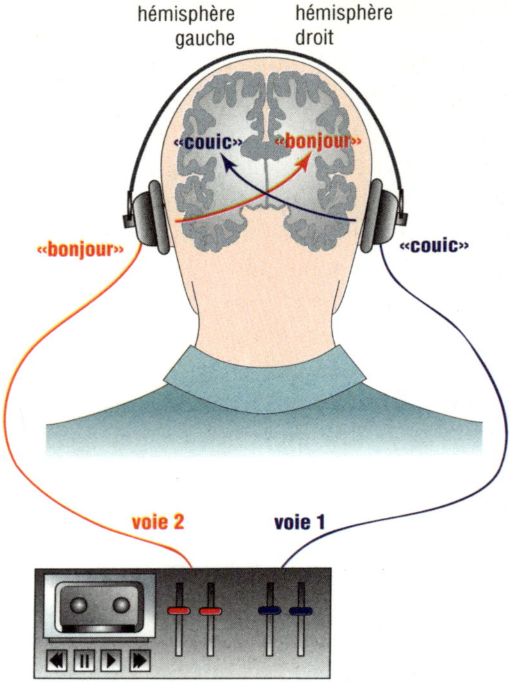

Principe de la méthode d'écoute dichotique.
Deux messages différents parviennent simultanément aux deux oreilles grâce à un magnétophone stéréophonique. Le message adressé à l'oreille droite est traité en priorité par l'hémisphère gauche, et vice versa.

en priorité par l'hémisphère droit, et inversement. Enfin, depuis une dizaine d'années, est publié un nombre sans cesse croissant de travaux faisant appel aux techniques modernes d'imagerie cérébrale : imagerie par résonance magnétique (IRM), tomographie par émission de positons (TEP). Le caractère com-

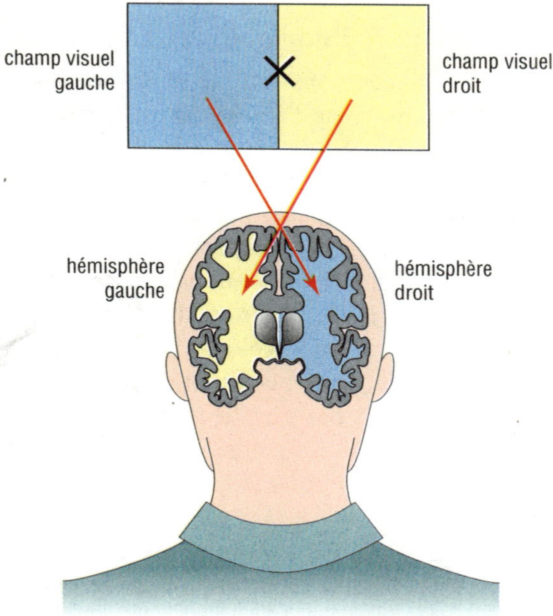

Principe de la méthode tachistoscopique latéralisée. *Pendant que le sujet fixe du regard une croix située au centre du champ visuel, un stimulus visuel est présenté latéralement pendant une très courte durée. Dans ces conditions, l'information apparue dans le champ visuel droit est traitée en priorité par l'hémisphère gauche, et* vice versa.

mun de ces techniques complexes – mais qui constituent une voie d'avenir prometteuse pour la neuropsychologie – est de permettre la visualisation, en temps réel, de l'activité des différentes structures cérébrales d'un sujet, sain ou pathologique, alors même qu'il effectue une tâche donnée.

Deux cerveaux ? Pour quoi faire ?

Le cerveau est bien constitué de deux moitiés à peu près symétriques, mais l'anatomie du corps humain montre bien qu'il n'est pas seul dans ce cas. Or, selon une loi physiologique générale, dite « loi de symétrie fonctionnelle », deux organes pairs, ou les deux moitiés d'un organe symétrique, remplissent obligatoirement les mêmes fonctions. Nul n'aurait l'audace d'avancer que le rein droit ou le poumon droit, par exemple, puissent avoir un rôle physiologique différent de leur homologue gauche, et on ne verrait pas pourquoi cette loi ne s'appliquerait pas aux deux hémisphères cérébraux. D'ailleurs, Gall lui-même ne distinguait pas des facultés mentales différentes à droite et à gauche.

Et pourtant…

Le 18 avril 1861, Paul Broca, dans une communication devant la Société d'anthropologie de Paris, présente le cas d'un malade décédé la veille dans son service de l'hôpital de Bicêtre. Ce patient, paralysé du côté droit, avait aussi perdu depuis plusieurs années l'usage de la parole. Il comprenait cependant les questions qui lui étaient posées et pouvait y répondre en effectuant des mouvements de la main gauche : il indiquait l'heure ou le nombre d'années qu'il avait passées à Bicêtre en ouvrant ou en fermant les doigts. Mais il lui était devenu impossible de s'exprimer par le langage articulé, ses capacités d'expression orale se limitant à l'émission de la syllabe « tan », qu'il répétait généralement deux fois, ce qui lui avait valu d'être connu dans le service sous le pseudonyme de Tan.

Pour caractériser ce tableau clinique particulier, Broca utilise le mot « aphémie », mais on lui préférera par la suite le terme « aphasie* », à l'acception plus large puisqu'il est employé dans tous les cas de perte du langage. La perte de la capacité à articuler le langage s'appellera alors « aphasie de Broca » ou encore « anarthrie ».

Or, l'examen *post mortem* du cerveau de ce malade révèle la présence d'une lésion étendue du lobe frontal de l'hémisphère gauche, sans atteinte visible du côté droit. A la suite d'une observation détaillée, Broca estime que le foyer de la lésion étant à l'origine des troubles du langage devait être situé plus précisément au pied de la troisième circonvolution frontale gauche.

Le 15 juin 1865, Broca présente une nouvelle communication, dont l'apport est capital. Ce texte, relu à la lumière de nos connaissances actuelles, est un modèle de communication scientifique, tant par sa forme que par la profondeur de la réflexion et par la rigueur du raisonnement de son auteur. Plusieurs problèmes fondamentaux, qui orientent encore les recherches actuelles sur l'organisation cérébrale, y sont déjà abordés.

En premier lieu, Broca confirme que, dans la quasi-totalité des cas qu'il a examinés, la perte de la parole se manifeste uniquement en association avec des lésions de l'hémisphère gauche, et il conclut, avec les mots qui prévalaient à l'époque, que c'est bien dans le lobe frontal gauche que se trouve « localisée la faculté du langage articulé ».

Mais, conscient que cette conclusion violerait la loi de symétrie fonctionnelle, il propose, au terme de sa communication, un modèle du fonctionnement cérébral qui puisse rendre compte de ses observations tout en ne contredisant pas la loi générale : « En résumé, les deux moitiés de l'encéphale, étant parfaitement identiques, au point de vue anatomique, ne peuvent avoir des attributions différentes ; mais le développement plus précoce de l'hémisphère gauche nous prédispose, dans nos premiers tâtonnements, à exécuter avec cette moitié du cerveau les actes matériels et intellectuels les plus compliqués, parmi lesquels il faut certainement compter l'expression des idées au moyen du langage, et, plus particulièrement, du langage articulé. [...] L'habitude que nous prenons dès la première enfance de répartir le travail entre nos deux hémisphères, et de demander de préférence les opérations les plus difficiles à notre hémisphère gauche, finit par devenir une seconde nature ; mais cette spécialisation des fonctions n'implique pas l'existence d'une disparité fonctionnelle entre les deux moitiés de l'encéphale. »

Le modèle de Broca est donc un modèle qui peut être qualifié de « hiérarchique » dans la mesure où il distingue un hémisphère gauche « majeur », ou « dominant », et un hémisphère droit « mineur ».

Pour justifier ses affirmations, Broca invoque des études effectuées à l'époque sur l'embryon et selon lesquelles le développement des circonvolutions de l'hémisphère gauche serait en avance sur celui des circonvolutions de l'hémisphère droit. La dominance hémisphérique aurait donc une origine biologique : elle serait liée à un développement plus précoce de l'hémisphère gauche qui, étant soumis à une utilisation plus intense, finirait par acquérir une habileté plus grande que celle de l'hémisphère droit.

Mais, alors, quelle peut bien être l'utilité d'un second hémisphère, en tout point moins efficace que son jumeau ? On pourrait envisager que l'hémisphère droit puisse représenter une sécurité, une sorte de roue de secours susceptible d'assurer le relais en cas de défaillance de l'hémisphère dominant et de permettre la récupération, au moins partielle, des fonctions perdues. Toutefois, concernant la récupération du langage à la suite d'une lésion cérébrale gauche survenant après la naissance, Broca suppose qu'elle ne pourrait s'effectuer que dans le cas de lésions très circonscrites n'affectant que le langage et laissant intactes les facultés intellectuelles, survenant chez des individus jeunes, et au prix de beaucoup d'efforts de rééducation.

Broca pose ainsi le délicat problème de la plasticité cérébrale, et de l'existence d'une période sensible, la petite enfance, au cours de laquelle la latéralisation des structures impliquées dans le langage ne serait pas encore définitivement fixée (*cf.* p. 70). Dans cette même communication, Broca soulève une autre question importante, concernant les rapports entre la prévalence manuelle d'un sujet (droitier ou gaucher) et la latéralisation cérébrale du langage. Il s'agit d'un problème complexe, qui sera abordé dans la seconde partie.

La démarche méthodologique qui fonde la conception localisationniste est désormais posée, et c'est en s'appuyant sur les mêmes principes d'observation de troubles du langage associés à des lésions cérébrales que les recherches ultérieures allaient toutes confirmer l'implication de l'hémisphère gauche dans cette fonction.

En 1874, Carl Wernicke montre que la lésion d'une zone située sur le lobe temporal de l'hémisphère gauche s'accompagne d'un trouble du langage différent de celui décrit par Broca. Nommé « aphasie de Wernicke », ce déficit se caractérise par une incapacité à comprendre le langage parlé, sans trouble de l'articulation. Le débit verbal reste fluide et l'articulation est conservée, mais le patient présente des troubles de la compréhension du langage parlé, et sa production verbale, plus ou moins perturbée selon la gravité du trouble, peut consister en un jargon souvent incompréhensible constitué par une succession de mots juxtaposés sans cohérence apparente (jargonaphasie morphémique) ou même parfois par l'émission d'une suite de sons dont l'assemblage ne correspond pas à des mots de la langue (jargonaphasie phonémique).

En 1881, le rôle joué par la lésion d'une région du lobe frontal gauche, différente de celle décrite par Broca, est mis en évidence dans la perte de la capacité à s'exprimer par l'écriture (agraphie*), alors que le langage oral est conservé et que l'on ne note pas d'autre trouble praxique associé.

Enfin, en 1892, une « cécité verbale pure » est associée à une lésion pariéto-temporale de l'hémisphère gauche. Pour les sujets qui en sont atteints, la lecture devient impossible (alexie*), alors qu'ils conservent la capacité d'écrire spontanément ou sous la dictée, mais sans pouvoir se relire.

Ainsi, dès la fin du XIXe siècle, se trouve attesté le rôle prépondérant joué par l'hémisphère gauche dans ce comportement complexe et spécifiquement humain qu'est le langage articulé.

Pour que les différentes formes que revêt la fonction du langage (compréhension et expression orales et écrites) puissent se réaliser normalement, il faut bien supposer que les diverses aires cérébrales puissent échanger entre elles les informations qu'elles ont traitées. On sait, par exemple, que l'aire de Wernicke* et celle de Broca* sont reliées anatomiquement par un ensemble de fibres nerveuses qui constituent le faisceau arqué*. En cas de lésion du faisceau arqué laissant intactes les aires qu'il relie, on observe chez le sujet une aphasie de conduction, caractérisée, malgré une bonne compréhension et une bonne articulation, par une grande difficulté, voire une incapacité, à répéter ce qui lui a été dit.

Arrivé à ce point de l'exposé, il est possible de se référer au schéma général d'organisation de l'écorce cérébrale de la page 22, et de l'appliquer au cas particulier du fonctionnement du langage oral.

Au début du XXe siècle, le modèle de dominance de Broca semble donc devoir s'imposer, et il exerce de fait une sorte de dictature sur les recherches ultérieures. Il faut attendre de nombreuses années pour que soient apportées les preuves indiscutables que

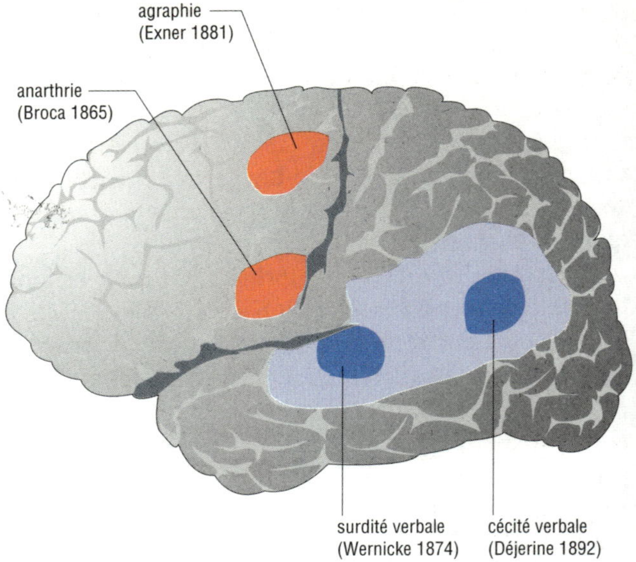

Localisation des centres du langage dans l'hémisphère gauche. *En bleu apparaissent les aires impliquées dans la compréhension du langage parlé (aire de Wernicke) et dans la lecture (aire de Déjerine). En rouge, les zones corticales permettant l'expression du langage par la parole (aire de Broca) et par l'écriture (aire d'Exner).*

l'hémisphère droit n'est pas aussi incompétent qu'on l'avait affirmé à la suite de Broca.

Dès 1876, de nombreuses observations démontrant l'existence d'un lien entre des lésions de l'hémisphère droit et des troubles de la perception de l'espace sont publiées. Dans maints cas de lésions hémisphériques droites, on peut en effet voir apparaître des déficits divers se manifestant par une incapacité à reconnaître des objets ou des lieux familiers (agnosie visuelle), ou des visages pourtant connus (prosopagnosie), parfois par des troubles du schéma corporel pouvant aller jusqu'à une impossibilité de s'habiller correctement (apraxie de l'habillage), ou encore par une tendance chez certains sujets à tourner systématiquement à droite pour suivre un itinéraire, souvent associée à une inaptitude à identifier et à localiser les objets situés dans la partie de l'espace située à gauche de leur axe corporel (syndrome d'héminégligence gauche).

On utilise le terme « apractognosie* » pour regrouper et désigner l'ensemble de ces troubles de la perception et de l'utilisation des informations spatiales.

Or, ni cet ensemble convergent de travaux, ni la publication en 1941 par Russel Brain – un chercheur au nom prédestiné, puisque *brain* signifie « cerveau » en anglais ! – d'une série d'observations très démonstratives, ni les recherches sur l'apraxie de l'habillage – toutes études associant sans équivoque possible les troubles de l'orientation spatiale à des lésions hémisphériques droites – ne seront pris en compte par la communauté scientifique, et il faudra attendre la seconde moitié du XXe siècle pour que soit enfin établi de façon indiscutable le rôle des lésions de l'hémisphère droit dans la production de troubles spatiaux.

C'est en effet en 1950 que des sujets atteints de lésions cérébrales de l'hémisphère droit sont soumis à diverses épreuves visuo-spatiales : copie ou production spontanée de dessins d'objets, assemblage de parties d'objets (puzzles), dessin d'une carte géographique ou d'un plan. Les productions de ces patients montrent que ces sujets sont incapables d'utiliser les relations spatiales entre les différents éléments d'une figure, d'où leur caractère « incohérent ». En 1956, les chercheurs confirment la localisation dans la région pariéto-temporo-occipitale de l'hémisphère droit des lésions associées aux troubles apractognosiques.

Dès lors, les recherches sur les compétences de l'hémisphère droit du cerveau connaissent un regain d'intérêt, et sont stimulées par les possibilités offertes par de nouvelles techniques d'observation développées au cours des années 60. Les travaux publiés durant cette période confirment le rôle joué par cet hémisphère dans la connaissance et dans l'utilisation des données spatiales, et font apparaître d'autres compétences propres au cerveau droit.

Des observations effectuées en 1962 sur des sujets ayant subi l'ablation chirurgicale de l'un des lobes cérébraux (lobectomie), et confirmées grâce à l'utilisation de la méthode d'écoute dichotique chez des sujets sains, montrent que l'hémisphère droit joue un rôle prépondérant dans la perception de la musique, et plus particulièrement dans la reconnaissance des mélodies.

En effet, les patients présentant une atteinte temporale droite reconnaissent et expriment les mélodies d'une manière médiocre : si on leur demande de fredonner une chanson connue, ils n'y parviennent pas, ou difficilement et à condition d'y être incités et d'être soutenus par le piano (dont ils ont d'ailleurs beaucoup de mal à suivre le rythme). Et dans ce dernier cas, si on les laisse poursuivre sans le support de l'instrument, ils déforment l'air et ont tendance à réciter le texte de la chanson, tout en ignorant la mélodie.

A la même époque, de nombreuses études utilisant la méthode tachistoscopique sont menées sur des patients à cerveau partagé (*split brain*). A cette occasion, la photographie d'une femme nue projetée dans le champ visuel gauche, donc traitée par l'hémisphère droit, entraîne un rire étouffé chez un sujet, sans que ce dernier soit capable de l'identifier, et donc de donner la raison de cette hilarité. D'autres personnes à cerveau partagé réagissent elles aussi à la situation expérimentale par le rire ou par des mimiques diverses sans pouvoir expliquer les raisons de ce comportement.

Ces observations sont à rapprocher de celles faisant état, chez des malades hémiplégiques, d'un retentissement émotionnel de la maladie très différent selon la localisation de la lésion cérébrale responsable de la paralysie : en cas de lésion de l'hémisphère gauche, laissant intact le cerveau droit mais entraînant une hémiplégie droite, le patient est généralement très affecté par son état et manifeste une angoisse intense, désignée comme « réaction de catastrophe ». Or, en cas de lésion hémisphérique droite, le tableau est tout différent : le malade présente vis-à-vis de son hémiplégie gauche une curieuse indifférence, pouvant aller, dans les cas extrêmes, jusqu'à nier purement et simplement sa maladie ou même, parfois, à attribuer la moitié malade de son corps à quelqu'un d'autre (anosognosie*).

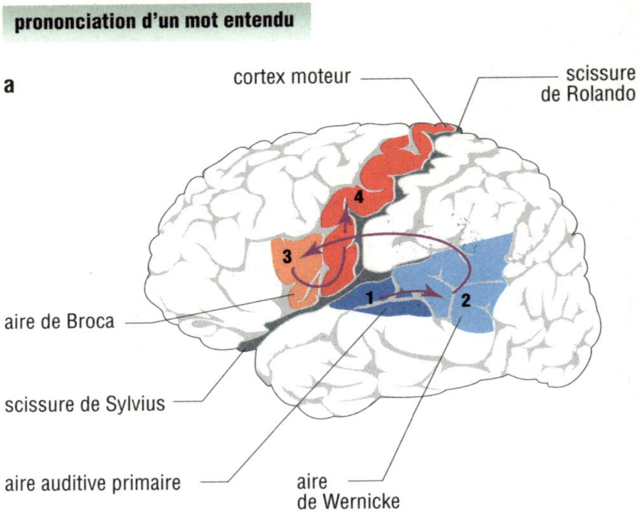
prononciation d'un mot entendu
a
cortex moteur
scissure de Rolando
4
3
1
2
aire de Broca
scissure de Sylvius
aire auditive primaire
aire de Wernicke

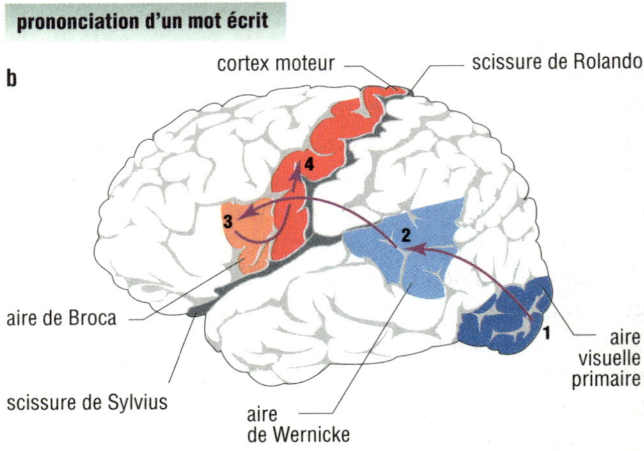
prononciation d'un mot écrit
b
cortex moteur
scissure de Rolando
4
3
2
1
aire de Broca
scissure de Sylvius
aire de Wernicke
aire visuelle primaire

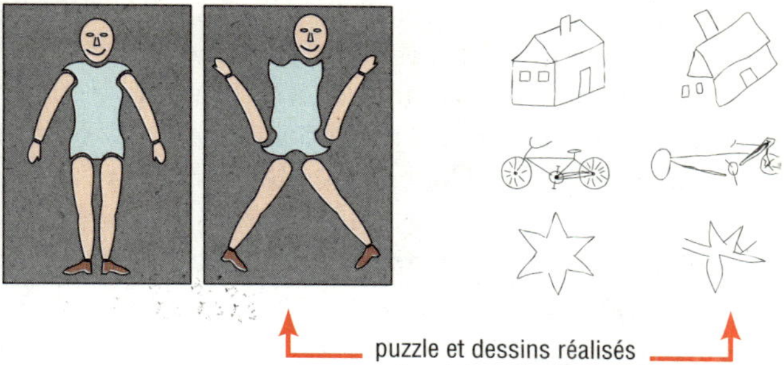

D'après Mc Fie, *et al.*, 1950.

Sujets cérébrolésés droits. *Voici deux exemples d'épreuves permettant la mise en évidence de troubles de l'organisation et de l'utilisation de l'espace chez des sujets présentant des lésions de l'hémisphère droit.*

La réalisation du langage. *a - Lorsqu'un mot est entendu et doit être répété, un signal sonore est capté par l'oreille, puis codé sous la forme d'un message nerveux, qui parvient dans l'aire auditive primaire (1), et est ensuite interprété dans l'aire de Wernicke (2), où il acquiert sa signification. Cette représentation est transférée, via le faisceau arqué, dans l'aire de Broca (3), où le programme moteur nécessaire à sa prononciation est activé, et l'articulation du mot est finalement assurée par le cortex moteur primaire (4), qui commande la mobilisation des organes phonatoires (bouche, langue, larynx) selon la séquence prévue dans le programme.*
b - Dans le cas de la lecture à voix haute d'un mot écrit, le pôle d'entrée est visuel. Le message nerveux, en provenance de la rétine, parvient à l'aire visuelle primaire (1), puis la forme visuelle du mot est convertie en forme sonore dans l'aire de Wernicke (2). La prononciation du mot lu se déroule ensuite selon les mêmes étapes que précédemment.

On pourrait avancer que, pour un sujet droitier, il est logique qu'une paralysie totale de la partie droite de son corps soit vécue comme une catastrophe en raison de son caractère beaucoup plus invalidant qu'une hémiplégie gauche. Cependant, les mêmes résultats sont obtenus lorsque l'un ou l'autre hémisphère est désactivé de façon transitoire sous l'effet d'une injection intracarotidienne d'amytal sodique (méthode de Wada), alors que le sujet est informé au préalable que l'effet de l'injection ne durera que quelques minutes, au terme desquelles tout rentrera dans l'ordre.

D'autres observations cliniques, réalisées en 1979, montrent que des sujets présentant une lésion temporale droite se révèlent souvent incapables d'identifier la tonalité émotionnelle – triste, étonnée, joyeuse ou agressive – d'une phrase au contenu banal prononcée par un individu qu'ils ne voient pas. En cas de lésion plus postérieure (temporo-occipitale), le patient peut réussir ce test auditif, mais il se montre incapable d'identifier les mimiques ou les postures d'un interlocuteur placé en face de lui. Enfin, lorsque la lésion a une localisation frontale droite, la perception des sentiments ou émotions exprimés verbalement ou gestuellement est conservée, mais le sujet n'exprime lui-même aucune émotion et semble indifférent aux événements et aux situations auxquels il est confronté.

A partir de ces constatations, on peut considérer que, à l'instar de ce qui est observé sur l'hémisphère gauche pour le langage oral et écrit, il est possible de repérer sur l'hémisphère droit des régions spécialisées respectivement dans la compréhension ou dans l'expression des émotions, par le canal vocal (intonation) ou gestuel (mimique). Ainsi, l'expression par la mimique pourrait être considérée, dans le domaine de l'expression émotionnelle, comme une sorte d'écriture gestuelle que l'interlocuteur devrait « lire », et l'intonation correspondrait à une forme orale de communication des états émotionnels.

Tout se passe donc comme si l'hémisphère droit était impliqué dans la coloration et le retentissement émotionnels des événements vécus par l'individu, et était notamment capable de décoder et d'exprimer, par des manifestations corporelles (rire, mimiques faciales) ou par des intonations particulières données au message oral, une émotion brute non verbalisée explicitement. Or, cette manifestation émotionnelle brute, spontanée, est peut-être la seule forme d'émotion véritable, si l'on veut bien opposer émotion et représentation, et considérer que l'individu capable de verbaliser et de décrire ce qu'il ressent est dans un état mental qui ne relève plus de l'émotion mais de la représentation réflexive, ce qui est fondamentalement différent.

Une remarque de même nature concerne le rêve. Des indices électrophysiologiques recueillis chez le sujet sain tendent à montrer que l'hémisphère droit est relativement plus activé pendant la phase de sommeil au cours de laquelle se produisent les rêves (sommeil paradoxal). De plus, des sujets souffrant de lésions de ce même hémisphère sont parfois amenés à affirmer qu'ils ne rêvent plus. S'appuyant sur ces données, qui n'ont d'ailleurs pas toujours été confirmées, certains auteurs ont avancé l'idée que l'hémisphère droit serait responsable du rêve.

Il nous semble que, à l'instar de ce qui a été dit pour l'émotion, il convienne encore de ne pas confondre le rêve lui-même, c'est-à-dire l'activité onirique proprement dite, inaccessible à la conscience éveillée, et le récit qui en est fait ultérieurement par le rêveur. L'hypothèse selon laquelle l'activité de l'hémisphère droit serait particulièrement sollicitée au cours de la phase de rêve mais que la participation des deux hémisphères serait requise pour l'élaboration et la production du récit du rêve semble être de plus en plus accréditée.

Ainsi, à la fin des années 60, on constate une évolution considérable de la conception du fonctionnement cérébral par rapport à celle qui prévalait depuis les premiers travaux de Broca et jusque dans les années 50. Le localisationnisme – tout au moins sous sa forme première – n'est plus de mise, et c'est à juste titre que les chercheurs ne considèrent plus une structure cérébrale localisée comme le « siège » d'une faculté mais seulement comme une zone nécessaire à la réalisation d'une fonction. Surtout, le schéma de dominance hémisphérique se révèle inadéquat, et il est remplacé par un nouveau modèle susceptible de rendre compte de l'ensemble des données expérimentales obtenues.

Ce nouveau modèle envisage une spécialisation fonctionnelle et un partage des compétences entre les deux hémisphères cérébraux, selon la nature du matériel à traiter : à l'hémisphère gauche seraient dévolues des aptitudes spéciales pour le traitement du langage (compréhension et production du langage oral et écrit), tandis que l'hémisphère droit manifesterait des compétences particulières dans le traitement des données relatives à l'espace (reconnaissance, identification et localisation dans l'espace des formes, objets et personnes ; utilisation du schéma corporel), dans la perception de la musique et dans l'émotion (retentissement émotionnel des événements et expression non verbale de l'émotion) et serait impliqué dans l'activité onirique.

Dès lors, l'expression « hémisphère majeur » doit être bannie du vocabulaire de la neuropsychologie. Quant à l'adjectif « dominant », dans le sens où il sera employé dorénavant, il pourra qualifier l'un ou l'autre hémisphère cérébral. Selon la tâche à laquelle l'individu sera confronté, c'est l'hémisphère le plus compétent qui prendra momentanément le contrôle des opérations et sera donc temporairement « dominant », mais que change la nature de la tâche, et la dominance pourra éventuellement échoir à l'autre hémisphère.

On peut aussi imaginer que les deux hémisphères cérébraux soient continuellement en compétition pour traiter les informations et donner des réponses adaptées, et que le plus compétent dans une situation donnée exerce une inhibition temporaire sur l'autre. Mais ce modèle de partage des compétences a lui-même évolué au cours des années 70, et fait place à la conception actuelle de la spécialisation hémisphérique.

Deux hémisphères, un seul cerveau

Il serait trop simple d'opérer une stricte dichotomie en termes de compétences exclusives de chaque hémisphère cérébral, et de se contenter de distinguer un hémisphère gauche « verbal » et un hémisphère droit « non verbal » ou « visuo-spatial ». De plus, il semble difficile d'imaginer qu'un hémisphère puisse ignorer complètement le travail de l'autre dans la mesure où, comme nous l'avons vu, des relations anatomiques – le corps calleux en particulier – les réunissent et leur permettent d'échanger des informations. Les études montrent que tel est bien le cas.

Les recherches sur le langage, menées notamment dans les années 60 par l'équipe de Sperry et de Gazzaniga sur des sujets à cerveau partagé, avaient bien confirmé la supériorité de l'hémisphère gauche pour la compréhension et l'expression écrites et orales, en montrant que l'hémisphère droit est incapable de s'exprimer verbalement : la personne au cerveau partagé n'est pas en mesure d'identifier oralement ou par écrit un mot ou une image présentés au tachistoscope dans son champ visuel gauche (donc traité par son hémisphère droit), alors qu'elle ne rencontre aucune difficulté pour effectuer cette tâche lorsque c'est l'hémisphère gauche qui traite l'information ; de même, elle est incapable d'identifier verbalement un objet caché à sa vue et présenté dans sa main gauche, alors que la main droite permet cette identification par le toucher.

Mais ces études ont aussi montré que l'hémisphère droit peut manifester une certaine compréhension du langage, limitée aux substantifs et aux adjectifs simples. Par exemple, le sujet au cerveau partagé ne peut lire dans son champ visuel gauche le mot désignant un objet, il est cependant capable de retrouver ce mot en palpant avec sa main gauche l'objet réel correspondant à ce mot parmi un ensemble d'autres objets cachés à sa vue. En d'autres termes, l'hémisphère droit, incapable de s'exprimer par le langage, fait néanmoins preuve de capacités – limitées – de compréhension verbale.

De plus, il ne faudrait pas croire que les sujets présentant des lésions de l'hémisphère droit soient indemnes de tout trouble du langage : leur voix est souvent monotone, geignarde, atone et inexpressive, et ils sont incapables de percevoir l'intonation d'une phrase (affirmative ou interrogative) ou de répéter une phrase en changeant d'intonation. Chez ces sujets, si les aspects formels de la langue (c'est-à-dire la structure lexicale ou syntaxique) ne sont pas touchés, les perturbations affectent la prosodie, autrement dit la modulation et le rythme du message parlé.

La mise en évidence de ces troubles qui concernent l'aspect « musical » du langage oral est à rapprocher des observations déjà mentionnées montrant le rôle prépondérant joué par l'hémisphère droit dans la perception et la production des mélodies.

Un autre aspect intéressant du rôle joué par l'hémisphère droit dans la compréhension du langage a été étudié dans les années 80 : si les individus présen-

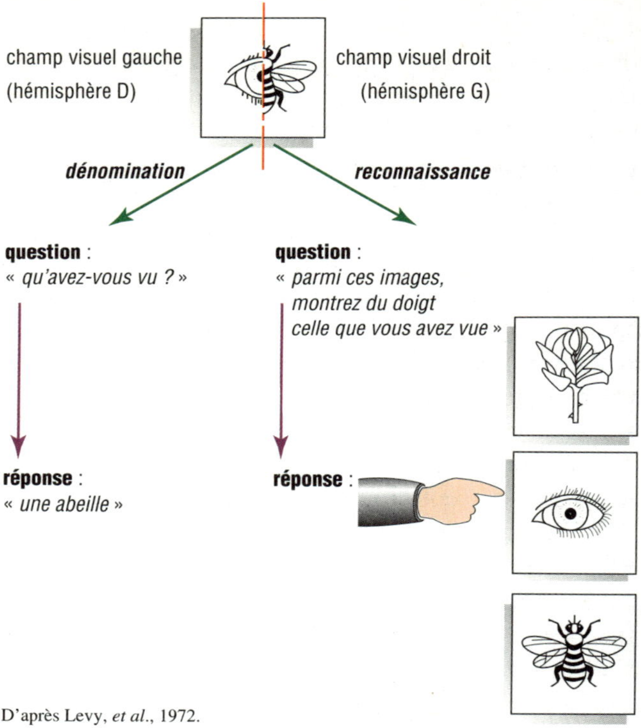

D'après Levy, *et al.*, 1972.

La perception de figures chimériques par le sujet à cerveau partagé.
*Des expériences au cours desquelles ces figures sont présentées au tachistoscope à des sujets présentant une déconnexion des hémisphères cérébraux (*split brain*) montrent que deux représentations différentes s'opèrent simultanément dans les hémisphères cérébraux. Ces sujets n'ont pas conscience du caractère incongru de la figure qui leur a été présentée, et ne perçoivent pas des moitiés d'objets mais des objets complets. Lorsque le sujet à cerveau*

tant une lésion de l'hémisphère droit ne manifestent pas, face à un matériel linguistique complexe, de trouble majeur de la compréhension du sens direct du message, ils éprouvent en revanche beaucoup de difficultés à comprendre les métaphores, ou les jeux de mots, ou encore les traits humoristiques. Ils font souvent des plaisanteries mal à propos, et ont du mal à comprendre celles des autres. En d'autres termes, si une lésion de l'hémisphère droit laisse intacte la capacité à extraire le sens littéral du message et à l'interpréter au premier degré, elle s'accompagne souvent de difficultés à dépasser ce premier degré pour effectuer une interprétation non littérale, évaluer les différents sens d'une proposition ambiguë et en retenir les diverses interprétations possibles.

Dans le domaine de la perception visuelle, Jerre Levy, Colwin Trevarthen et Roger Sperry ont eu, en 1972, l'ingénieuse idée de présenter au tachistoscope, pendant un temps très court, des figures « chimériques » réalisées en accolant les deux moitiés, droite et gauche, de deux figures différentes. La figure chimérique ainsi obtenue était présentée de telle sorte

partagé doit fournir une réponse verbale de dénomination, c'est la représentation assurée par l'hémisphère gauche qui est activée. En revanche, en cas de réponse non verbale (reconnaissance), il évoque la représentation opérée par l'hémisphère droit.

que, par rapport au point de fixation oculaire, une moitié apparût dans le champ visuel droit, l'autre dans le champ visuel gauche. Dans ces conditions, des sujets sains à qui l'on demandait de rapporter oralement ce qu'ils avaient perçu (épreuve de dénomination verbale) disaient avoir vu deux demi-figures différentes accolées. Mais, chez les sujets au cerveau partagé, même lorsque l'expérimentateur les questionnait avec insistance sur ce point, les réponses montraient qu'ils ne percevaient qu'une seule figure complète.

Or, la nature de cette perception dépendait du type de réponse exigé : dans une épreuve de dénomination verbale (« Dites ce que vous avez vu »), c'est la figure correspondant à la moitié apparue dans le champ visuel droit, donc traitée par l'hémisphère gauche, qui était nommée, alors que dans une épreuve de reconnaissance (« Désignez avec le doigt parmi cet ensemble de dessins celui que vous avez vu »), c'est la figure correspondant à la partie traitée par l'hémisphère droit qui était désignée.

Le fait que les mêmes résultats aient été obtenus lorsque les sujets n'étaient pas informés au préalable de la nature de la réponse à fournir (verbale ou manuelle) a une implication importante : il faut bien admettre, pour interpréter ces observations, qu'un même matériel, visuel dans ce cas, est traité simultanément et en parallèle par les deux hémisphères cérébraux. Le sujet a ainsi à sa disposition deux représentations différentes d'un même objet, et, selon le type de réponse qui lui est demandé, c'est le produit du traitement de l'un ou de l'autre hémisphère qui sera utilisé : traitement hémisphérique gauche en cas de réponse nécessitant un étiquetage verbal (dénomination), traitement de l'hémisphère droit dans une tâche de reconnaissance directe d'une forme, sans dénomination verbale.

Ces observations sont à rapprocher des résultats d'une autre expérience, menée sur la perception de la musique grâce à la méthode d'écoute dichotique, où il s'agit de faire reconnaître des mélodies à des sujets non musiciens et à des musiciens (capables de lire une partition). Les résultats montrent que, chez les non-musiciens, les mélodies sont mieux reconnues lorsqu'elles sont traitées par l'hémisphère droit. En revanche, on observe le phénomène inverse chez les musiciens, dont l'hémisphère gauche se révèle plus efficace.

Ce résultat est fondamental, car il remet en question la spécialisation de l'hémisphère droit dans le traitement de la musique, puisque dans ce cas l'implication de l'un ou de l'autre hémisphère dans la reconnaissance des mélodies dépend notamment du niveau d'éducation musicale de l'individu. L'hypothèse explicative invoquée est la suivante : les musiciens traitent la mélodie en la décomposant en éléments (notes) et analysent les rapports entre les notes, tandis que les non-musiciens reconnaissent un contour musical, une forme mélodique globale.

Il convient donc de repenser le modèle de spécialisation hémisphérique, et de ne plus considérer cette spécialisation selon le matériel à traiter, mais en termes de mode de traitement. Sur un matériel donné, l'hémisphère gauche opérerait un traitement de type « analytique-successif », consistant à décomposer l'information en ses éléments constitutifs et à analyser successivement les relations existant entre ces éléments, tandis que l'hémisphère droit traiterait l'information en la saisissant dans sa globalité, sans décomposition préalable, selon un mode qualifié de « globaliste-simultané » ou d'« holistique* ».

C'est ce modèle qui oriente les recherches actuelles. Comme tout modèle, il permet de rendre compte des observations faites jusqu'à présent, mais avec de notables différences par rapport au modèle précédent.

Dans la conception « moderne » de la spécialisation hémisphérique, ce n'est pas parce qu'il est un « spécialiste du langage » que l'hémisphère gauche est efficace pour la compréhension et la production linguistique, mais parce que son mode de traitement, analytique-successif, se prête bien aux particularités physiques du matériel verbal, qui se présente comme une chaîne d'éléments discrets et individualisables (phonèmes, mots, phrases), qui se succèdent dans le temps (langage parlé) ou dans l'espace (langage écrit) et dont les rapports doivent être analysés pour en extraire le sens.

Selon les chercheurs appartenant à l'école de la psychologie de la forme (Gestalt Psychologie*), la première saisie perceptive d'une forme ou d'un objet se fait de façon globale, les éléments composant cette forme n'étant distingués et perçus que dans un second temps. Dans cette perspective, la perception des formes relèverait donc – au moins dans une première phase – du mode de traitement global et simultané

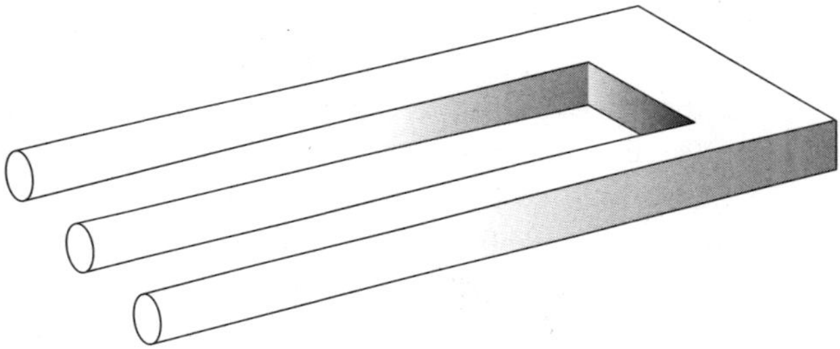

Un objet impossible.
Que représente cette figure ? Inutile d'essayer de dénommer l'objet que vous voyez, et encore moins de le fabriquer.

caractéristique de l'hémisphère droit, qualifié parfois de « gestaltiste » pour cette raison.

Mais, chez le sujet sain, les deux hémisphères cérébraux ne fonctionnent pas indépendamment l'un de l'autre, et leur coopération est nécessaire en vue d'un comportement adapté et intégré.

Considérons, par exemple, la communication par la parole. Il existe désormais de bonnes raisons de penser que les aspects formels de la phrase (lexique, syntaxe) relèveraient d'un traitement effectué par l'hémisphère gauche, alors que la composante prosodique du message serait sous la dépendance de l'hémisphère droit. Or, dans la communication orale interindividuelle, ces deux aspects sont intimement liés : le contenu informationnel du message ne dépend pas seulement de la nature et de l'agencement des mots qui le composent, il est aussi modulé par la ligne prosodique (intonation, rythme), qui véhicule des informations importantes susceptibles de renseigner notamment sur l'état affectif du locuteur.

Chacun de nous pourra trouver des exemples personnels de déclarations faites sur un ton agressif ou ironique en totale contradiction avec un contenu formel positif ou bienveillant. Dans ce cas, on sait bien que l'on aura avantage à interpréter ce message au second degré – c'est-à-dire en fonction de l'information apportée par la prosodie et le contexte – et à agir en conséquence, plutôt que d'en faire une interprétation directe, en fonction du sens littéral des mots qui le composent. La communication orale, dans toute sa richesse et sa complexité, fait donc intervenir de toute évidence les compétences complémentaires des deux hémisphères cérébraux.

Un autre exemple peut être pris dans le domaine de la perception des objets. Si l'on peut admettre que la détection d'une forme dans le champ perceptif et sa saisie perceptive globale font intervenir préférentiellement l'hémisphère droit, l'activité cognitive* ne s'arrête pas à cette phase initiale. Pour identifier une forme, l'individu possède des connaissances préalablement acquises et stockées dans sa mémoire, grâce auxquelles il peut interpréter la forme comme correspondant à celle d'un objet connu, ou inconnu, ou incongru dans un contexte donné. Cette identification consiste le plus souvent en un étiquetage verbal, qui fait appel à l'hémisphère gauche.

Une troisième illustration concerne la lecture et la mémorisation des mots. Lire implique au premier chef les compétences de l'hémisphère gauche, mais cette activité suppose que soient identifiés dans un premier temps les éléments (lettres, mots) qui composent le texte à lire. Or, ces éléments se présentent physiquement comme des traces graphiques dessinées sur un support (feuille ou écran), c'est-à-dire comme des formes se détachant par contraste sur un fond. On peut raisonnablement faire l'hypothèse que les premières phases de traitement de ces formes écrites fassent appel à l'hémisphère droit. De fait, nos propres recherches sur la mémorisation de mots tendent à démontrer que c'est l'hémisphère droit qui traite et code en mémoire les caractéristiques formelles (graphiques) des mots écrits, en particulier leur typographie.

La lecture de mots en vue de leur rétention ferait donc appel à deux sortes d'indices : des indices graphiques (typographie, forme, longueur), dont le traitement serait assuré préférentiellement par l'hémisphère droit, et des indices linguistiques (signification, catégorie grammaticale), qui feraient plutôt appel aux compétences de l'hémisphère gauche. Ces deux types d'indices seraient utilisés conjointement en vue d'une mémorisation optimale des informations écrites.

Ainsi, ces processus de traitement se dérouleraient de façon simultanée dans les deux hémisphères. Loin de s'exclure mutuellement, ils apparaissent comme nécessairement complémentaires. L'individu humain possède certes deux hémisphères cérébraux, mais leur travail s'harmonise en une structure unique, le cerveau, qui assure l'unité intégrative de l'homme au sein du monde qui l'entoure.

Le cerveau de l'homme représente
le seul exemple connu d'organe double ou symétrique
dont les deux moitiés, droite et gauche,
ont des attributions fonctionnelles différentes.
Mais quel est le déterminisme
de cette répartition cérébrale des fonctions ?

La spécialisation fonctionnelle hémisphérique
est-elle l'expression d'une stricte programmation
biologique ou le résultat de diverses influences
que le milieu exerce sur l'individu au cours
de son développement ? Le partage des compétences
entre les deux hémisphères cérébraux
est-il identique pour tous les êtres humains ?

Le gaucher, la femme, le matheux, l'artiste… et le Japonais

Chaque individu humain est un être singulier constitué, selon des dosages différents, de traits caractéristiques qu'il partage avec les autres membres de son espèce. Si certaines de ces caractéristiques, qui relèvent de sa structure biologique, apparaissent évidentes à première vue (droitier ou gaucher, homme ou femme), d'autres sont plus subtiles à évaluer et semblent dépendre fortement de facteurs culturels. En définitive, chaque individu manifeste un style propre pour saisir le monde dans lequel il vit (style perceptivo-cognitif) et une façon particulière de réagir aux événements (style réactionnel), l'ensemble constituant son style de pensée* personnel.

Est-il possible de relier ces caractéristiques individuelles à une organisation et à un mode de fonctionnement particuliers des hémisphères cérébraux? Question difficile, à laquelle l'approche neuropsychologique est susceptible d'apporter quelques éléments de réflexion, et, parfois, de réponse.

Les gauchers sont de redoutables tennismen *(page précédente). La supériorité écrasante des gauchers observée dans les sports d'opposition pourrait être liée à une organisation cérébrale particulière.*
Ph. © R. Martin/Vandystadt.

Le cerveau du gaucher

On pourrait intuitivement penser que l'organisation cérébrale d'un gaucher se présente comme l'image en miroir de celle d'un droitier, et, par suite, qu'il suffise simplement d'inverser les termes, pour considérer que les fonctions dévolues à l'hémisphère gauche d'un sujet droitier devraient être assurées par l'hémisphère droit chez un gaucher, et inversement.

C'est d'ailleurs ce qu'avait suggéré Broca en déclarant dans sa communication de 1865 que « la plupart des hommes sont naturellement gauchers du cerveau ; et que, par exception, quelques-uns d'entre eux, ceux que l'on appelle gauchers, sont au contraire droitiers du cerveau ». Bien qu'il eût nuancé sa position, sa formule avait rapidement suscité un large consensus, admettant que les gauchers se caractérisaient par un schéma de dominance cérébrale inverse de celui des droitiers.

Il aurait été bien commode et bien satisfaisant pour l'esprit qu'il en fût ainsi, mais l'on sait maintenant que ce n'est pas le cas, et que seule une infime minorité de gauchers présentent une latéralisation fonctionnelle cérébrale exactement symétrique à celle des droitiers. Qu'en est-il donc de la grande majorité des gauchers ? Mais, aussi, qu'est-ce qu'un droitier (ou un gaucher) ? Et comment évaluer la latéralisation d'un individu ?

« Êtes-vous sûr d'être droitier (ou gaucher) ? »

Dans la plupart des études sur la spécialisation hémisphérique, les chercheurs adoptent comme indice de dextralité/sénestralité la main utilisée pour l'écriture. Si cet indice a l'avantage de la simplicité, il risque de masquer le caractère complexe de la détermination de la latéralisation.

On peut, en effet, ne pas se contenter de l'unique critère de la prévalence manuelle motrice, et décider de soumettre les sujets à des tests de latéralité plus complets afin de déterminer pour chaque individu avec quel œil il vise dans une lunette, quelle main il utilise pour écrire ou pour lancer une balle, et quel pied il mobilise pour taper dans un ballon ou pour écraser une cigarette (critère œil-main-pied). On constate alors souvent chez un même individu une latéralisation hétérogène selon les trois critères.

En 1977, dans une étude portant sur huit mille individus, il a été montré que seulement 64 % des droitiers manuels présentent aussi une prévalence oculaire droite, et que 42 % des gauchers manuels manifestent une dextralité oculaire de visée. Une autre étude, portant sur six cent cinquante-cinq élèves professeurs d'éducation physique, et prenant en compte le critère œil-main-pied, a montré que 68 % des droitiers manuels sont aussi droitiers de l'œil et du pied, alors que seulement 27 % des gauchers utilisent préférentiellement leur main, leur œil et leur pied gauches.

L'intérêt essentiel de ces investigations statistiques est de montrer que les droitiers constituent un groupe relativement plus homogène que les gauchers, tout au moins en ce qui concerne la prévalence motrice latérale, et aussi qu'il convient d'être attentif au choix des tests utilisés pour la constitution des groupes soumis à expérimentation.

A la question : « Êtes-vous droitier (ou gaucher) ? », il convient donc de répondre avec beaucoup de circonspection. Toutefois, dans la suite de cet exposé, nous considérerons, comme le font la plupart des chercheurs, un individu comme « gaucher » ou « droitier » sur le seul critère de la prévalence manuelle.

De nombreux travaux portant sur la relation existant entre prévalence manuelle et organisation fonctionnelle cérébrale permettent de tirer légitimement la conclusion que les gauchers sont caractérisés par une spécialisation fonctionnelle hémisphérique moins marquée : leurs deux hémisphères cérébraux manifestent une plus grande équipotentialité et partagent leurs compétences de façon moins tranchée que chez les droitiers. Ainsi, les gauchers seraient caractérisés par une répartition cérébrale plus bilatérale des fonctions cognitives.

Par exemple, on sait depuis 1936, grâce à des études sur l'aphasie, que le langage peut être représenté sur les deux hémisphères chez le gaucher. D'ailleurs, les observations neurologiques sur l'aphasie mettent en évidence un phénomène important : si une lésion de l'hémisphère gauche est associée à une aphasie chez 95 à 98 % des droitiers examinés, on peut relever que le pourcentage de gauchers présentant une aphasie due à une lésion gauche varie, selon les échantillons étudiés, de 67 à 81 %. En d'autres termes, le langage est représenté sur l'hémisphère gauche pour la quasi-totalité des droitiers manuels, mais aussi chez une grande majorité de gauchers.

Par ailleurs, l'ambicérébralité des gauchers se manifeste par des possibilités de récupération plus rapides et plus complètes que chez les droitiers lors d'atteintes cérébrales entraînant des troubles aphasiques.

De l'avantage d'être gaucher

Les études statistiques portant sur la latéralisation permettent d'estimer à environ 10 % de la population la proportion d'individus qui, dans nos sociétés, utilisent préférentiellement leur main gauche dans les tâches motrices et dans l'écriture en particulier.

Les gauchers constituent donc numériquement un groupe très minoritaire, et, comme l'on pouvait s'y attendre, ils ont connu le sort souvent peu enviable des minorités : considérés non comme différents, mais comme déviants par rapport à la norme droitière, ils ont dû subir, jusque dans un passé récent, toutes sortes de frustrations, allant de la nécessité de s'adapter à l'utilisation d'outils prévus pour la main droite jusqu'à la contrainte scolaire d'écrire de leur main la moins habile.

La sénestralité a longtemps été considérée comme un handicap, comme le montre bien le langage : un individu « maladroit » se caractérise par sa « gaucherie », une planche déformée est « gauchie », la main gauche est la « senestre », mot de la même famille que « sinistre ». Il n'est donc pas étonnant que de nombreux travaux aient cherché à mettre en évidence des liens entre gaucherie et pathologies diverses : on a ainsi cru pouvoir avancer que, par rapport aux droitiers, les gauchers seraient proportionnellement plus souvent bègues, dyslexiques, alcooliques, délinquants, épileptiques, débiles mentaux... (la liste n'est pas exhaustive), et même, selon des publications récentes d'ailleurs très controversées, qu'ils auraient une espérance de vie plus courte. Dans ces conditions, comment, lorsque l'on est gaucher, ne pas être « contrarié », face à une majorité de gens « adroits », faisant toujours preuve de leur « dextérité », et qui, suprême injustice, seraient peut-être doués d'une plus grande longévité ?

Or, il est un domaine dans lequel les gauchers prennent une éclatante revanche : leur supériorité est incontestable dans les sports d'opposition (tennis, tennis de table, escrime). Les chiffres se passent de tout commentaire : en 1980, cinq gauchers figuraient parmi les vingt premiers tennismen mondiaux, la moitié des escrimeurs de l'équipe de France de fleuret étaient gauchers, et, en 1981, on trouvait quatre gauchers parmi les douze meilleurs joueurs européens de tennis de table. On est loin des 10 % de gauchers de la population totale, et cette discordance s'explique d'autant plus difficilement que, pour reprendre une expression du journal *Le Monde*, cette « conjuration des gauchers » ne se retrouve pas dans les autres disciplines sportives.

Un argument parfois avancé pour expliquer cette prédominance s'appuie sur la statistique, en faisant bénéficier le gaucher d'un biais de rareté : numériquement sous-représenté dans la population sportive, le gaucher aurait plus fréquemment l'occasion de s'entraîner et de jouer contre des droitiers, et donc de mettre en place des stratégies « antidroitiers » déconcertantes pour l'adversaire.

Mais une autre hypothèse explicative peut être formulée en termes de spécialisation fonctionnelle hémisphérique. On sait que, chez la grande majorité des gauchers manuels (plus de 60 %), c'est l'hémisphère gauche qui gouverne le langage, et on peut donc admettre que, chez ces mêmes sujets, c'est l'hémisphère droit qui assure le traitement des informations visuo-spatiales. Ainsi, sur ces deux plans, le cerveau d'une majorité de gauchers serait organisé comme celui des droitiers. Or, le gaucher utilise son hémisphère droit pour mobiliser sa main habile (la main gauche), contrairement au droitier, qui fait appel à son hémisphère gauche pour donner les ordres moteurs à sa main droite prévalente.

Le gaucher présenterait donc une organisation cérébrale perceptivo-motrice particulière : chez lui, c'est le même hémisphère qui traiterait les données visuo-spatiales et assurerait la réponse motrice, contrairement à ce qui se passe pour le droitier, qui, traitant l'information perceptive avec l'hémisphère droit mais réagissant avec l'hémisphère gauche, devrait transférer l'information, *via* le corps calleux, d'un hémisphère à l'autre. Cette transmission interhémisphérique par voie nerveuse n'est pas instantanée, et, bien que la durée nécessaire à sa réalisation soit difficile à évaluer, on sait qu'elle introduit dans la chaîne de traitement un délai de quelques millisecondes.

Dans les sports d'opposition, qui se caractérisent par une pression temporelle forte, il est nécessaire non seulement d'identifier très rapidement des configurations perceptives complexes et dynamiques (vitesse et direction de déplacement de la balle ou de l'arme, position de l'adversaire), mais aussi de réagir dans le délai le plus court possible à ces informations perceptives. Grâce à son circuit court, ce serait l'infime fraction de seconde économisée par le gaucher dans ce temps de réaction qui pourrait lui donner un avantage décisif dans les compétitions de haut niveau.

De plus, on sait que les sportifs, gauchers et droitiers, se livrent généralement au cours de leur activité à des verbalisations ou à des subvocalisations* plus ou moins volontaires, particulièrement dans les phases décisives du jeu. Là encore, il n'est pas interdit de penser que le cerveau du gaucher, qui sépare bien verbalisation (à gauche) et action (à droite), est moins sensible aux éventuelles interférences entre ces deux activités concomitantes que celui du droitier, qui « parle » et « agit » avec son hémisphère gauche surchargé.

L'hémisphère gauche et le langage

La prédominance de l'hémisphère gauche pour le langage semble donc relativement indépendante de la latéralisation manuelle. On peut même envisager qu'elle relève d'un déterminisme biologique. Mais la question de l'inné et de l'acquis peut être élargie à la spécialisation fonctionnelle hémisphérique dans son ensemble. En d'autres termes, il s'agit de savoir si la répartition et l'organisation du travail entre les deux hémisphères sont codées dans les gènes de l'individu ou développées au contact de l'environnement.

Pour tenter de répondre à cette interrogation, deux voies d'approche sont possibles. L'approche anatomique consiste à comparer la morphologie respective des deux hémisphères cérébraux. On se rappelle que Broca affirmait que les deux moitiés de l'encéphale étaient « parfaitement symétriques, au point de vue anatomique », mais, dans le même temps, se référait aussi à des travaux antérieurs d'anatomistes pour affirmer que « les circonvolutions de l'hémisphère gauche sont en avance sur celles de l'hémisphère droit ».

Des travaux plus récents (1968) prouvent que l'une des propositions de Broca était fausse : en effet, non seulement la scissure de Sylvius est généralement plus longue sur l'hémisphère gauche, mais, surtout, une zone appartenant à l'aire de Wernicke, le planum temporale*, couvre une surface plus importante à gauche qu'à droite dans 65 % des cerveaux examinés. Les deux hémisphères sont donc loin d'être anatomiquement identiques.

Mais ces mesures effectuées sur des cerveaux adultes ne permettent pas de savoir si les différences anatomiques observées sont la cause ou la conséquence de la dominance fonctionnelle gauche pour le langage, et posent le problème de la date d'apparition de cette différenciation morphologique. De fait, cette asymétrie de développement du planum temporale est déjà visible chez le nouveau-né, et peut très précocement être repérée sur des cerveaux de fœtus humains, dès la vingt-neuvième semaine de la gestation.

En complément de ces études d'anatomie macroscopique, d'autres observations, plus fines, effectuées sur la structure microscopique du cortex, ont confirmé qu'une région limitée du planum temporale, présentant une architecture cellulaire particulière (la zone Tpt), est normalement beaucoup plus développée dans l'hémisphère gauche.

De nombreux travaux utilisant d'autres méthodes pour mettre en évidence des asymétries anatomiques cérébrales sont régulièrement publiés, et viennent renforcer la conception selon laquelle la dominance hémisphérique gauche pour le langage serait biologiquement déterminée.

Certaines études tendraient même à prouver que des indices d'asymétrie cérébrale s'observeraient sur des moulages de crânes fossiles d'hominidés vieux de trente mille ans. Selon d'autres travaux, la spécialisation fonctionnelle cérébrale ne serait pas une caractéristique propre à l'espèce humaine, mais se retrouverait dans la lignée des vertébrés. En particulier, la dominance gauche pour les fonctions de communication pourrait exister chez les oiseaux et chez les singes anthropoïdes.

Il ne faudrait cependant pas pour autant considérer la cause comme entendue, et la question du caractère inné ou acquis de la dominance hémisphérique comme résolue. En fait, l'existence d'une asymétrie anatomique cérébrale, même précoce dans la vie de l'individu, ne préjuge pas d'une latéralisation aussi précoce et fortement déterminée des fonctions cognitives assurées par les deux hémisphères, comme le montrent les études développementales.

L'intérêt d'une approche développementale était déjà suggéré par Broca dans la fameuse communication de 1865, lorsqu'il abordait la question d'une rééducation possible de l'aphasie. On se souvient qu'il avait posé de nombreuses conditions à la possibilité d'une telle rééducation, estimant qu'elle pourrait être efficace chez le très jeune enfant. Les observations portant sur le devenir du langage chez l'enfant atteint de lésions cérébrales latéralisées devaient confirmer la pertinence de ce point de vue.

Une étude très détaillée portant sur un échantillon de cent deux enfants présentant des lésions étendues de l'un ou de l'autre hémisphère a démontré qu'une lésion cérébrale, quel que soit l'hémisphère concerné, n'a pratiquement pas d'incidence sur le devenir langagier ultérieur de l'individu, dès lors qu'elle survient avant sa deuxième année et qu'elle n'a pas une ampleur telle qu'elle entraîne un grave déficit intellectuel. Sous ces conditions, le langage apparaît et se développe selon une chronologie normale.

Un autre exemple particulièrement démonstratif est fourni par le cas d'un sujet à cerveau partagé dont la déconnexion des hémisphères n'avait pas été provoquée chirurgicalement mais résultait d'une absence congénitale (agénésie*) du corps calleux. Non seulement cet individu ne présentait pas de troubles affectifs ou intellectuels, mais, surtout, soumis aux mêmes épreuves que les personnes dont les cerveaux avaient été partagés chirurgicalement, il manifestait un comportement très différent, qui ne le distinguait pas de celui d'un sujet au corps calleux intact. En particulier, il se montrait capable de décrire et de dénommer verbalement un objet caché à sa vue présenté indifféremment dans sa main gauche ou droite, de même qu'il n'éprouvait aucune difficulté à lire un mot et à dénommer ou à décrire verbalement un dessin, quel que soit le champ visuel dans lequel le stimulus était présenté au tachistoscope.

La confrontation des données apportées par l'anatomie et de celles tirées des études sur le développement des fonctions cognitives chez l'enfant cérébrolésé amène tout naturellement à évoquer la classique distinction entre structure et fonction. Même si les bases anatomiques et structurelles de la spécialisation hémisphérique sont en place très précocement dans la vie de l'individu (sans doute dès le stade embryonnaire), la latéralisation fonctionnelle, quant à elle, s'installerait plus tardivement, et ne prendrait sa forme définitive qu'à la fin du processus de maturation du système nerveux. Pendant une période dite « sensible », qui dure certainement plusieurs années, au cours desquelles la maturation nerveuse s'opère progressivement, le cerveau manifeste une certaine plasticité et est susceptible de subir des influences diverses, déterminantes pour son organisation fonctionnelle, sinon structurale.

C'est grâce à cette plasticité fonctionnelle que certaines structures cérébrales, bien que n'étant pas biologiquement « programmées » pour assurer une fonction déterminée, sont susceptibles de prendre en charge cette fonction en cas de défaillance de la structure à laquelle elle était normalement dévolue. L'existence de tels phénomènes de « suppléance fonctionnelle », ou de « vicariance* », ravive un débat fort ancien lancé dès la fin du XIXe siècle par la conception, défendue par les antilocalisationnistes, selon laquelle le cerveau dans son ensemble constituerait une entité fonctionnelle, rendant illusoires les tentatives visant à rechercher des localisations cérébrales aux fonctions psychiques. Ce débat a connu des rebondissements épisodiques, particulièrement dans les années 30, après que fut émis le « principe d'action de masse », affirmant que c'est la quantité de matière cérébrale détruite, plus que la localisation de la lésion, qui déterminerait non seulement la gravité mais aussi la nature des troubles observés. Il s'agit d'une question importante, qui resurgit régulièrement dans les rapports des scientifiques.

Même sans aller jusqu'à envisager une équipotentialité des structures cérébrales, on est en droit de s'interroger sur le déterminisme de la suppléance fonctionnelle. Peut-on raisonnablement envisager qu'elle soit le résultat d'une réorganisation profonde de la structure même du cerveau ou qu'elle procède plutôt de la mise en œuvre de stratégies cognitives nouvelles élaborées par le sujet en vue de suppléer l'absence ou le dysfonctionnement d'une structure cérébrale défaillante ?

Michael Gazzaniga est très clairement en faveur de la seconde hypothèse lorsqu'il écrit : « Les organismes lésés précocement, testés à l'âge adulte, accomplissent les tâches grâce à des mécanismes de rechange, non à des mécanismes identiques mais situés dans d'autres endroits du cerveau. Les patients atteints d'agénésie du corps calleux semblent relativement bien intégrés en dépit de leur dédoublement cérébral, non pas parce qu'ils auraient développé de nouvelles voies nerveuses aberrantes, mais vraisemblablement parce qu'ils auraient mis en œuvre des stratégies comportementales éminemment habiles pour contourner leurs incapacités physiques. »

Pourtant, il reconnaît lui-même que les agénésiques du corps calleux présentent souvent, comparés aux sujets sains, un développement plus important de la commissure blanche antérieure, autre faisceau interhémisphérique, qui pourrait suppléer l'absence de corps calleux dans la transmission d'informations d'un hémisphère à l'autre.

De plus, l'examen de la structure du cortex à l'échelle cellulaire a montré que les connexions entre les neurones se développaient, s'enrichissaient et se modifiaient au cours de la période prénatale. Mais il est difficile d'évaluer ce développement longtemps après la naissance de l'individu, et on sait que, dans ce processus épigénétique*, l'influence des stimulations exercées par le milieu est déterminante. Peut-être faut-il chercher une source possible des phénomènes de vicariance à ce niveau microscopique ?

La question du déterminisme de la suppléance fonctionnelle cérébrale reste donc ouverte. Et, pourtant, les conséquences sociales des réponses qui seront apportées sont loin d'être négligeables, ne serait-ce que dans la mesure où elles conditionneront la mise en œuvre de techniques de rééducation fonctionnelle.

Quoi qu'il en soit, on ne saurait négliger l'impact que peuvent avoir sur le développement cérébral les influences exercées par le milieu, qu'elles soient de nature physico-chimique ou socioculturelles. Certaines de ces influences interviennent très précocement, pratiquement dès la conception, d'autres plus tardivement, au cours du développement de l'individu. Toutes sont susceptibles d'intéresser le neuropsychologue. Mais une question particulièrement irritante se pose à ce sujet : les hommes et les femmes, en raison des influences diverses (biologiques et socioculturelles) qui s'exercent sur leur cerveau, auraient-ils une organisation fonctionnelle cérébrale différente ?

Hommes et femmes, même cerveau ?

La question des différences entre hommes et femmes est une intarissable source de débats et de controverses. Le problème de la mise en évidence de telles différences dans les aptitudes cognitives ne déroge pas à la règle, et, dans ce champ clos où s'affrontent pêle-mêle la passion, l'idéologie, la mauvaise foi, les fantasmes et les préjugés de toute nature, la nécessaire volonté d'objectivité que suppose la démarche scientifique paraît relever de la pure utopie.

Certes, la question ne se pose plus depuis le concile de Mâcon, au VIe siècle : nous pouvons être pleinement rassurés, les femmes ont bien une âme. De même, personne ne se risquerait plus actuellement à avancer l'idée selon laquelle elles pourraient être moins intelligentes que les hommes. Et, pourtant, il s'agit là d'une idée relativement nouvelle, et il n'est pas nécessaire de remonter jusqu'au Moyen Age pour trouver des exemples de chercheurs dont les travaux visent clairement à démontrer l'infériorité intellectuelle des femmes. Parmi ceux-ci figure d'ailleurs en bonne place le fondateur de la neuropsychologie.

Poids du cerveau et poids des idées reçues !

Dès 1861, en effet, comparant le poids de cerveaux fraîchement prélevés chez des patients récemment décédés, Broca avait trouvé que le poids moyen des cerveaux d'hommes s'élevait à 1 325 g contre 1 144 g pour celui des femmes. Cette différence moyenne d'environ 200 g confirmait bien l'idée, fort répandue à l'époque – et pas seulement chez les hommes –, selon laquelle l'intelligence moindre manifestée par les femmes avait une origine biologique et faisait partie intégrante de la « constitution féminine ». Gustave Le Bon, élève de Broca, nous en fournit un exemple caricatural en écrivant, en 1879 : « Il y a de nombreuses femmes dont le cerveau a une taille plus proche du gorille que du cerveau masculin. Cette infériorité est si évidente que l'on ne peut un seul instant la mettre en doute ; seul son degré peut faire matière à discussion. Tous les psychologues qui ont étudié l'intelligence des femmes reconnaissent qu'elles représentent une forme inférieure de l'évolution, et qu'elles sont plus proches de l'enfant ou du sauvage que de l'homme civilisé. »

Il faut reconnaître que, si cette attitude était assez générale, elle ne faisait cependant pas l'unanimité parmi les scientifiques. Léonce Manouvrier, à partir de ses propres observations, avait rapidement contesté la validité des mesures effectuées par Broca. Quant à Maria Montessori, la célèbre psychologue de l'enfant, s'appuyant précisément sur les observations de Manouvrier, et utilisant en sens inverse le même mauvais argument, elle concluait à une supériorité de l'intelligence féminine.

Si l'opération de mesure élémentaire consistant à peser le cerveau frais est encore invoquée dans des travaux récents ou contemporains, c'est essentiellement dans une perspective critique. En effet, des observations qui ne corroborent pas celles effectuées par Broca montrent que, si la comparaison entre cerveaux masculins et cerveaux féminins est effectuée sur des échantillons appariés sur d'autres paramètres (tels que l'âge, le poids, la taille, la maladie au moment de la mort), les différences disparaissent.

D'ailleurs, le poids du cerveau ne saurait constituer un argument sérieux, et il ne résiste pas à la critique.

En premier lieu, en admettant que le quotient intellectuel (QI) constitue une mesure de l'intelligence – ce qui suppose que l'on puisse en donner une définition univoque –, on ne constate aucune corrélation entre poids du cerveau et QI. Ainsi, les différences relevées par Broca entre le poids moyen des cerveaux de travailleurs qualifiés (1 420 g) et non qualifiés (1 365 g) doivent être attribuées à des régimes alimentaires et des conditions de vie différents, plutôt qu'à des différences d'aptitudes intellectuelles. De plus, l'essentiel de la masse du cerveau n'est pas le fait des cellules «nobles» que sont les neurones, mais des cellules gliales*, qui ont surtout un rôle nourricier et de protection.

Quelle aurait été la réaction de Gall, le père de la phrénologie, s'il avait connu de son vivant le poids de son cerveau? Avec à peine 1 100 g, il ne pesait même pas la moitié du poids des cerveaux humains les plus lourds, comme celui de lord Byron (2 230 g). D'ailleurs, ces chiffres extrêmes montrent bien que, à l'intérieur du même sexe, les variations interindividuelles sont très importantes. Or, la méthode statistique nous enseigne que, en présence de telles « variances intragroupes », les différences entre moyennes doivent être interprétées avec la plus grande circonspection.

En deuxième lieu, la comparaison directe de poids d'encéphales, pris en valeur absolue, n'a aucune signification : comparé à l'éléphant d'Afrique, dont le cerveau pèse 5 700 g, l'homme serait un débile profond. En fait, le poids du cerveau doit être rapporté à un autre paramètre corporel (qui peut être le poids du corps, sa taille ou sa surface), et ce sont des fractions qui doivent être comparées. Ainsi, en reprenant l'exemple précédent, le cerveau de l'éléphant représente seulement un six-centième du poids de son corps, contre un quarantième pour l'homme.

Les arguments s'appuyant sur des différences pondérales entre cerveaux humains ne sauraient donc être pris au sérieux, et on peut finalement se demander, pour reprendre une image avancée par Marcel Blanc, « si la balance mesurant le poids du cerveau ne mesure pas plutôt le poids des préconceptions ».

Mais cela signifie-t-il pour autant qu'il faille renoncer à rechercher d'autres indices susceptibles de différencier le cerveau de l'homme de celui de la femme ?

Des observations anatomiques plus précises font bien apparaître de telles différences, mais, lorsque c'est le cas, il est nécessaire de ne pas perdre de vue que les résultats publiés sont à considérer comme des valeurs moyennes, calculées sur des séries caractérisées par d'importantes variations interindividuelles, et dont la validité relève de la méthode statistique.

On a remarqué dès 1968 que, si l'asymétrie cérébrale consistant en un développement plus important sur l'hémisphère gauche d'une aire impliquée dans le langage, le planum temporale, pouvait s'observer dans la majorité des cerveaux examinés, elle était souvent moins prononcée, voire inexistante, dans le cas de cerveaux féminins. Ces observations ont permis l'émission de l'hypothèse, souvent reprise, que les structures cérébrales impliquées dans le langage seraient développées dans les deux hémisphères chez la femme, et quasi exclusivement dans l'hémisphère gauche chez l'homme. D'où l'idée selon laquelle le cerveau féminin se caractériserait par une latéralisation de la fonction langagière moins marquée par rapport au cerveau masculin. De plus, il semblerait que la partie postérieure du corps calleux (splenium*) soit plus développée chez la femme que chez l'homme. Or, le splenium du corps calleux joue un rôle important dans la transmission interhémisphérique des informations visuelles. Bien que cette observation doive être interprétée avec prudence, elle pourrait signifier que les deux hémisphères cérébraux communiqueraient plus facilement chez la femme, particulièrement en ce qui concerne les informations visuelles.

En résumé, le cerveau de la femme se distinguerait de celui de l'homme par une répartition plus symétrique des fonctions cognitives. Or, il est possible de tester la validité de cette hypothèse en soumettant à diverses épreuves cognitives des échantillons de sujets sains ou cérébrolésés de sexe différent.

Sexe et aptitudes cognitives

A l'appui de l'hypothèse d'une latéralisation moins tranchée des fonctions cérébrales chez la femme, on peut citer une étude qui montre que l'ablation chirurgicale d'une partie du cortex de l'hémisphère gauche s'accompagne généralement chez les sujets de sexe masculin d'une diminution des capacités verbales, alors que la même intervention sur l'hémisphère droit entraîne une altération des capacités visuo-spatiales. Or, ce phénomène n'est pas aussi net chez les femmes, pour lesquelles on ne trouve pas un lien aussi direct entre hémisphère lésé et type de déficit observé.

Un autre argument allant dans le même sens peut être invoqué à partir d'observations de sujets aphasiques montrant que les lésions de l'hémisphère gauche entraînent des troubles aphasiques trois fois plus fréquemment chez l'homme que chez la femme. De plus, les hommes échouent aux test verbaux exclusivement en cas de lésions de l'hémisphère gauche, alors que les femmes voient leurs performances verbales se dégrader quel que soit l'hémisphère lésé.

Mais ces résultats n'ont pas toujours été retrouvés dans d'autres études, et doivent donc être considérés avec circonspection, d'autant plus que des travaux plus récents amènent à nuancer fortement l'idée selon laquelle le cerveau féminin serait fonctionnellement plus symétrique que le cerveau masculin. L'examen d'aphasiques des deux sexes permet de constater que les troubles du langage apparaissent plus fréquemment chez la femme en cas de lésions de l'hémisphère antérieur gauche, alors que les hommes présentent plus souvent que les femmes une aphasie lors de lésions postérieures gauches. Tout se passe donc comme si le cerveau antérieur gauche était plus impliqué dans le langage chez la femme. On peut se demander, au vu de ces données nouvelles, si la différence éventuelle entre les sexes s'exprime en termes de plus ou moins grande asymétrie, ou plus simplement en termes de distribution différente des localisations cérébrales responsables du langage, qui tiendrait compte non seulement de la distinction droite/gauche, mais aussi de la répartition cerveau antérieur/cerveau postérieur.

L'étude des aptitudes visuo-spatiales est plus complexe, leur mesure étant plus difficile et les troubles éventuels moins évidents que dans la sphère verbale. Des études cliniques sur des sujets cérébrolésés présentant des troubles apractognosiques (se manifestant par des difficultés à reconnaître des formes ou à reproduire des dessins, par exemple) ont pu conduire à l'idée que, à l'instar de ce qui est observé pour le langage, les fonctions visuo-spatiales aussi se répartiraient sur les deux hémisphères chez la femme, alors qu'elles seraient confinées presque exclusivement à l'hémisphère droit chez l'homme.

Là encore, la prudence est de rigueur, dans la mesure où tous les résultats ne sont pas convergents.

Ainsi, une lésion de l'hémisphère droit semble avoir les mêmes conséquences pour les deux sexes dans des épreuves visuo-spatiales de guidage visuel ou d'assemblage de cubes, mais, surtout, il semble que les lésions antérieures de l'hémisphère droit soient plus dommageables que les lésions postérieures chez la femme, alors que le phénomène s'inverse chez les hommes : les déficits seraient chez eux plus prononcés en cas de lésions postérieures droites.

En conclusion, les données actuellement disponibles recueillies à l'occasion d'études réalisées sur des sujets cérébrolésés sont loin de faire l'unanimité, et l'hypothèse selon laquelle le cerveau des femmes présenterait une asymétrie fonctionnelle moins prononcée que celui des hommes, si elle n'est pas à rejeter, ne peut pas non plus être considérée comme solidement étayée.

Qu'en est-il des travaux effectués sur des sujets sains ? On se doute bien que le problème des éventuelles différences d'aptitudes entre hommes et femmes, mesurées grâce à des batteries de tests divers, a fait l'objet de nombreuses publications.

Broca et Le Bon, son élève zélé, seraient sans doute fort déçus de savoir que les mesures du QI donnent globalement des résultats comparables dans les deux sexes (mais la question se pose de savoir ce que mesure exactement le QI). Cependant, les psychologues différentialistes savent bien que certaines épreuves font apparaître, de façon plus ou moins sélective, des différences moyennes de réussite entre hommes et femmes.

Épreuves généralement mieux réussies par les hommes	**Épreuves généralement mieux réussies par les femmes**
Diriger un mobile vers une cible	Trouver rapidement quels objets sont différents ou identiques
Intercepter la trajectoire d'un mobile	Découvrir la relation entre deux objets
S'orienter sur un plan	Se rappeler quel objet a été déplacé et quelle était sa place initiale
Se représenter mentalement la forme d'un objet tridimensionnel en rotation dans l'espace (rotation mentale)	Effectuer des tâches manuelles fines nécessitant précision et rapidité
Retrouver la forme développée d'un volume réalisé par pliage	Trouver rapidement le plus grand nombre de mots ayant certaines caractéristiques (mots commençant par une lettre donnée ou rimant avec un autre mot)
Retrouver rapidement une forme camouflée dans une figure complexe (indépendance à l'égard du champ)	

On peut tenter de résumer cet ensemble de données en considérant que les hommes seraient en moyenne plus performants dans les activités de perception de l'espace et d'utilisation des informations visuo-spatiales, tandis que les femmes réussiraient généralement mieux les tâches faisant appel au langage et à la mémoire.

Il s'agit là encore de données moyennes, d'ailleurs contestées par certains auteurs. Cependant, pour ce qui concerne les habiletés spatiales, un recensement très complet et critique de données scientifiques, effectué en 1978, montre que, dans la plupart des tests d'aptitudes spatiales, 20 à 25 % seulement des femmes obtiennent un score supérieur au score moyen des hommes. D'ailleurs, il est remarquable que, en mathématique, les hommes réussissent souvent mieux que les femmes en géométrie, mais pas en algèbre ni en arithmétique, certaines études tendant même à attribuer une supériorité aux femmes dans ces deux derniers domaines.

On constate par ailleurs que les joueurs d'échecs de plus haut niveau sont des hommes. Or, les expériences démontrent que, à ces niveaux d'expertise, ce jeu ne fait pas intervenir, comme l'on aurait pu le croire, des capacités particulièrement développées de raisonnement ou de mémoire, mais bien plutôt une forme très spéciale de perception et d'enregistrement très rapide des positions relatives des pièces disposées sur l'échiquier : cinq secondes de présentation d'une configuration de jeu suffisent généralement à un maître pour lui permettre de reconstituer la position de toutes les pièces sur l'échiquier, à condition toutefois que cette disposition corresponde à une partie réelle. Dans le cas contraire, si les pièces sont disposées aléatoirement, sa performance ne sera pas meilleure que celle d'un sujet naïf. Le jeu d'échecs serait donc un domaine de prédilection des hommes, qui y exploiteraient à fond les capacités qu'ils possèdent dans le domaine visuo-spatial.

L'évolution ou les hormones?

Il est frappant de constater que les différences d'aptitudes cognitives existant entre les sexes, si toutefois on veut bien admettre leur réalité, semblent étroitement liées aux rôles sociaux attribués aux hommes et aux femmes. Il n'en faut pas plus pour que certains auteurs y voient le résultat d'un processus de sélection qui aurait opéré sur les structures cérébrales au cours de l'évolution. Ce serait, par exemple, au cours des milliers d'années pendant lesquelles ils ont vécu en petits groupes de chasseurs-cueilleurs qu'hommes et femmes ont été amenés à développer les aptitudes nécessaires à l'exercice de leur rôle respectif : l'homme, essentiellement chasseur, a dû nécessairement accroître ses capacités à s'orienter et à se repérer sur de grandes distances, à viser juste et à lancer efficacement des projectiles; tandis que la femme, chargée notamment de la cueillette et de l'éducation des enfants, voyait augmenter ses facultés de précision motrice et de détection des petits changements survenant dans l'apparence des enfants et dans un environnement limité autour de l'habitat.

Mais d'autres hypothèses évoquent un déterminisme plus biologique, considérant que les hormones sexuelles pourraient jouer un rôle déterminant dans l'organisation cérébrale.

On sait que le sexe est génétiquement déterminé par le type de paire formée par les chromosomes sexuels (XX pour la fille, XY pour le garçon), et que, au début de la vie intra-utérine, tout individu a les potentialités de devenir mâle ou femelle. La différenciation sexuelle et l'évolution vers le sexe masculin s'effectuent essentiellement sous l'effet des hormones androgènes (hormones sexuelles masculines), sécrétées après la formation du testicule. Cette action des hormones sur le devenir des organes sexuels est évidente, et l'on peut penser qu'elles influencent aussi le développement cérébral. Mais, pour des raisons qui vont de soi, l'expérimentation est impossible chez l'être humain, et le chercheur doit vérifier ses hypothèses en s'appuyant sur l'expérimentation animale ou sur des observations tirées de la pathologie humaine.

On a ainsi pu constater que, alors que le cortex cérébral des rats mâles est plus épais à droite qu'à gauche, cette asymétrie n'est pas observée chez la femelle. Or, cette même asymétrie fut découverte en 1991 chez le fœtus humain masculin. De plus, certaines fillettes atteintes d'hyperplasie congénitale des glandes surrénales, qui présentent un trouble hormonal consistant en une sécrétion anormalement élevée d'androgènes, obtiennent aux tests visuo-spatiaux des scores comparables à ceux des sujets masculins du même âge, et supérieurs à ceux des filles ne présentant pas ce trouble hormonal.

Enfin, l'effet des hormones sur les processus cognitifs pourrait se prolonger tout au long de la vie de l'individu. On a en effet observé que les performances des femmes à certains tests cognitifs semblent varier selon le moment du cycle menstruel : quand les concentrations en œstrogènes (hormones féminines) sont élevées, les performances obtenues aux tests visuo-spatiaux diminueraient, alors que, parallèlement, les scores des épreuves verbales augmenteraient. Cependant, l'interprétation de ces résultats demeure délicate, d'autant qu'il semblerait *a contrario* que les hommes réalisent les meilleurs scores aux épreuves visuo-spatiales quand la concentration de testostérone (hormone masculine) présente dans leur organisme est au plus bas.

En conclusion, l'hypothèse d'une différenciation cérébrale et/ou cognitive entre hommes et femmes soulève encore plus d'interrogations qu'elle ne lève d'incertitudes.

Le cerveau du Japonais

C'est sous ce titre, quelque peu provocateur, qu'a été publié en 1978 un ouvrage dans lequel Tadanobu Tsunoda présentait une synthèse de ses recherches menées depuis 1965 à l'université de Tōkyō. Si son auteur n'avait communiqué les résultats de ses travaux en 1981 lors d'un colloque de l'Organisation des Nations unies pour l'éducation, la science et la culture (Unesco), ce livre, écrit en japonais, serait sans doute passé inaperçu en Occident, ce qui aurait été regrettable, car, en dépit des critiques auxquelles il prête le flanc, il a le mérite de soulever quelques questions fondamentales susceptibles d'alimenter notre réflexion.

Le Japonais et... tous les autres !

Les recherches de Tsunoda, menées à l'origine dans le dessein de mettre au point des techniques de rééducation des troubles du langage, avaient pour objectif de déterminer, chez des sujets japonais sains, quel était l'hémisphère cérébral impliqué dans le traitement de diverses informations sonores (langage, sons et bruits divers). Utilisant un protocole fondé sur la technique d'écoute dichotique, ces travaux devaient révéler que les Japonais sollicitent beaucoup leur hémisphère gauche : c'est cet hémisphère qui, chez eux, traiterait tous les sons du langage (consonnes et voyelles parlées), mais aussi les émissions sonores humaines exprimant les émotions (qui sont le plus souvent des voyelles modulées : « Ah ? », « Oh ! », « Aïe ! »...), les bruits de la nature (en particulier les sons de communication émis par les animaux, telles les stridulations des insectes) et les sons musicaux produits par les instruments traditionnels du Japon. De sorte qu'il ne reste plus à l'hémisphère droit que le traitement des bruits mécaniques et... de la musique occidentale – considérée par Tsunoda comme une succession de bruits !

Or, ce schéma d'organisation cérébrale diffère fortement de celui que révèlent les mêmes tests appliqués à des sujets non japonais.

Le tableau suivant résume les participations respectives des deux hémisphères cérébraux dans le traitement des informations sonores pour les Japonais et les non-Japonais, selon Tsunoda.

On constate que, chez les non-Japonais, le partage des compétences hémisphériques attribue, en gros, à l'hémisphère gauche les activités logiques et analytico-déductives et à l'hémisphère droit la gestion des informations affectivo-émotionnelles, alors que, chez le Japonais, c'est l'hémisphère gauche qui prendrait en charge et les réactions affectivo-émotionnelles et la

Japonais	
Hémisphère gauche	**Hémisphère droit**
Langage (consonnes et voyelles)	Bruits Mécaniques
Sons émotionnels	Musique occidentale
Prosodie, intonation	
Sons animaux (chant des insectes, des oiseaux...)	
Bruits de la nature (vent, vague...)	
Musique japonaise traditionnelle	
Calcul	

pensée logique. Dans l'échantillon étudié, seul un groupe de Polynésiens (Maoris et natifs des îles Tonga et Samoa) faisait exception à cette règle, en présentant un schéma d'organisation cérébrale semblable à celle des Japonais.

Selon Tsunoda, cette organisation cérébrale particulière expliquerait que les Japonais entretiennent un rapport au monde qui leur est propre, et éprouvent notamment un très vif besoin de contact et d'harmonie avec la nature (surtout dans ses manifestations sonores : bruit du vent et de la mer, chant des oiseaux et des insectes...), qui s'exprime largement, non seulement dans leur culture, mais aussi dans leur vie quoti-

Non-Japonais	
Hémisphère gauche	**Hémisphère droit**
Langage (consonnes essentiellement)	Sons vocaliques
Calcul	Sons émotionnels
	Prosodie, intonation
	Sons animaux
	Musique occidentale
	Musique japonaise

dienne – il suffit de rappeler le succès des concours de chants de grillons ou d'oiseaux au Japon.

Dès lors, il devient relativement plus aisé de comprendre qu'un Occidental puisse éprouver les plus grandes difficultés à apprendre la langue japonaise, ou qu'un Japonais éprouve des difficultés analogues dans l'apprentissage d'une langue étrangère, car, dans les deux cas, la totalité de l'organisation cérébrale serait remise en cause. De plus, Tsunoda considère que cette organisation des fonctions cérébrales propre aux Japonais expliquerait l'extraordinaire engouement de la jeunesse japonaise pour la musique occidentale : traitée comme un bruit mécanique, elle activerait l'hémisphère droit, soulageant ainsi un hémisphère gauche qui aurait une fâcheuse tendance à la surcharge. Enfin, cette particularité permettrait de comprendre enfin pourquoi, de l'aveu même de Tsunoda, « les Japonais semblent incompréhensibles pour les gens de toute autre race ».

Mais l'intérêt de ces recherches ne se situe pas dans les conclusions quelque peu anecdotiques qu'en tire leur auteur. Plus intéressante est son hypothèse sur le déterminisme des différences observées : selon lui, la latéralisation fonctionnelle des hémisphères cérébraux serait liée à l'apprentissage de la langue maternelle. Il pose ainsi une double question fondamentale. Quelle peut être l'influence de la structure de la langue maternelle sur l'organisation cérébrale ? Reflète-t-elle la structure du cerveau ou la détermine-t-elle ?

Langue maternelle et organisation cérébrale

Pour démontrer que ce sont bien les propriétés de la langue apprise durant l'enfance qui influencent – ou même déterminent – l'organisation cérébrale, Tsunoda a appliqué ses tests à vingt Japonais émigrés de la deuxième ou de la troisième génération dont dix-huit avaient acquis avant l'âge de huit ans une langue maternelle autre que le japonais (espagnol, portugais ou anglais) et présentaient aux tests une organisation cérébrale de type « occidental ». Les deux autres, nés et vivant à l'étranger, mais éduqués dans la langue japonaise jusqu'à l'âge de neuf ans, manifestaient le schéma de dominance typique des Japonais. De plus, six autres sujets d'origine étrangère (deux Américains et quatre Coréens) élevés au Japon dans la langue japonaise faisaient montre d'une organisation cérébrale de type japonais.

Cet ensemble de données milite en faveur de l'hypothèse de Tsunoda : l'organisation fonctionnelle du cerveau semble bien dépendre de la langue apprise dans les premières années de la vie. La question qui se pose alors naturellement concerne les caractéristiques propres de la langue japonaise : en quoi cette langue diffère-t-elle fondamentalement des autres ? La réponse est à chercher tant dans la langue orale japonaise que dans l'écriture japonaise.

Le japonais tel qu'on le parle

Dans les langues indo-européennes ou sémitiques, l'information est essentiellement véhiculée par les consonnes, les voyelles jouant un rôle très limité dans l'extraction du sens : si le texte est mutilé par suppression des consonnes, le sens du message qui résulte de cette opération est pratiquement impossible à reconstituer, alors que la suppression des voyelles n'empêche généralement pas d'en extraire le sens. Ce sont donc les consonnes – les syllabes consonantiques dans le cas de l'oral – qui jouent un rôle prépondérant dans l'attribution du sens au discours. Les voyelles ont essentiellement une fonction de « liant sonore » permettant l'articulation et la prononciation du message qui, sans elles, serait difficile à réaliser.

D'ailleurs, dans certaines langues comme l'arabe, les voyelles courtes sont purement et simplement omises à l'écrit, et éventuellement remplacées par des signes d'accentuation uniquement destinés à la prononciation orale.

Il n'en est pas de même en japonais, langue fortement vocalique. De plus, les voyelles sont, au même titre que les consonnes, porteuses de sens. Dans son ouvrage, Tsunoda cite des exemples de longues phrases japonaises exclusivement constituées d'un enchaînement de sons vocaliques. C'est là une caractéristique propre à cette langue, qui ne la partagerait qu'avec quelques rares langues polynésiennes. Or, dans l'étude de Tsunoda, seuls les Polynésiens présentaient un schéma de dominance cérébrale comparable à celui des Japonais.

On peut donc avancer l'idée que, chez les non-Japonais, le travail d'analyse opéré par l'hémisphère gauche pour extraire le sens du message verbal s'effectue essentiellement sur les syllabes consonantiques, à charge pour l'hémisphère droit de traiter les voyelles, plus exactement les sons vocaliques, non porteurs de sens mais utilisés, surtout lorsqu'ils sont isolés et modulés, pour communiquer des états émotionnels. En revanche, les Japonais (et peut-être certains Polynésiens, chez qui les études restent à faire) utiliseraient leur hémisphère gauche pour analyser les éléments porteurs de sens, c'est-à-dire aussi bien les sons consonantiques que les sons vocaliques, ces derniers servant de surcroît à la communication de ressentis émotionnels.

Mais l'écriture japonaise est peut-être encore plus surprenante.

Le japonais tel qu'on l'écrit

La langue japonaise écrite fait appel à trois alphabets différents, de telle sorte qu'une même phrase peut contenir trois sortes de caractères.

Le kanji, d'abord, est un ensemble d'environ deux mille signes idéographiques d'origine chinoise. Par sa nature même, un idéogramme (ou logogramme) est une forme graphique saisie comme un tout indécomposable et possédant un sens propre, mais il peut se combiner avec d'autres signes kanji pour donner un nouveau sens à l'ensemble ainsi constitué. Par exemple, en combinant les trois signes kanji dont les sens respectifs sont « le cœur » (ou « l'esprit »), « la raison » et « la science », on obtient un nouvel ensemble dont le sens est « la psychologie ».

Le kana, ensuite, est constitué par un ensemble limité de signes phonétiques comparables à un « alphabet syllabique » dont chaque élément correspondrait non pas à une lettre mais à une syllabe ou, plus exactement, à une sonorité : un signe kana isolé n'est pas porteur de sens, mais de la combinaison de plusieurs signes résultent des unités signifiantes, que l'on peut comparer à des mots. Le kana se subdivise lui-même en deux ensembles de caractères de quarante-huit signes chacun : le hiragana, utilisé pour apporter des indications grammaticales, que les idéogrammes, dont le sens est global et unique, ne peuvent fournir (sujet de l'action, temps de l'action...), et le katakana, qui sert à transcrire phonétiquement les mots absents du lexique japonais, en particulier les termes étrangers.

A titre d'illustration, la phrase suivante, qui aurait pu aussi être présentée verticalement, signifie : « J'étudie la psychologie à Nice. »

私はニースで心理学を勉強しています.

J'étudie la psychologie à Nice

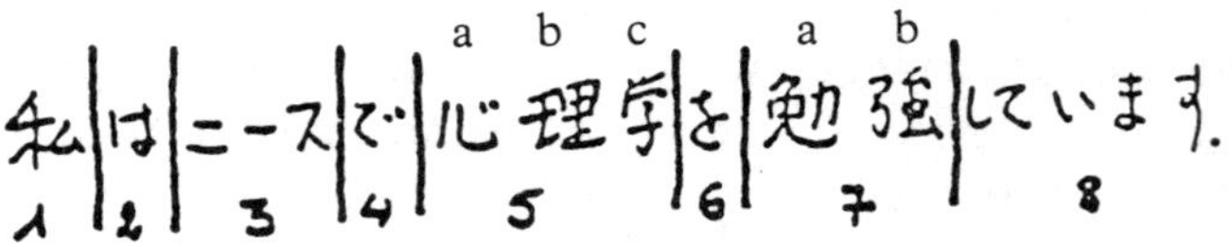

Il serait sans doute trop long et trop fastidieux d'analyser tous les éléments constitutifs de la phrase, et nous nous attacherons seulement à quelques-uns d'entre eux. On trouve dans cette proposition un échantillon des trois types de caractères qui composent la langue japonaise écrite : les éléments 1, 5 et 7 sont écrits en kanji (facilement reconnaissable, même par un œil occidental, en raison de l'aspect varié et complexe du dessin) ; les séquences 2, 4, 6 et 8 sont composées de signes hiragana ; seul le segment 3 correspond au katakana. On note particulièrement la suite des trois caractères kanji 5a, 5b et 5c, dont l'assemblage signifie « la psychologie », et la présence des deux caractères 7a (« s'efforcer ») et 7b (« se fortifier »), dont l'assemblage signifie « étudier ». La séquence 8, écrite en caractères hiragana, indique que l'étude dont il est question en 7 se déroule au présent et à la forme affirmative. La séquence 3 doit être lue phonétiquement et se prononce [nis] (Nice), mot étranger, donc écrit en katakana, dont on précise grâce à une suite de signes hiragana (séquence 4), qu'il désigne un nom de lieu.

Cette étonnante complexité est propre à la langue japonaise écrite. Une de ses caractéristiques, particulièrement intéressante, concerne l'utilisation dans une même phrase de logogrammes, perçus et interprétés globalement, et de signes syllabiques faisant l'objet d'une combinatoire. En effet, en s'appuyant sur le modèle de spécialisation hémisphérique qui attribue un mode de traitement analytique-successif à l'hémisphère gauche et globaliste-simultané à l'hémisphère droit, la tentation est grande de faire l'hypothèse que les traitements respectifs des signes kanji et kana seraient assurés par des hémisphères différents.

Cette hypothèse trouve confirmation dans des observations effectuées sur des Japonais souffrant d'aphasie : une lésion de l'hémisphère gauche peut s'accompagner d'une perte de la capacité de comprendre et/ou d'écrire en kana, alors que l'usage du kanji est conservé ; le phénomène inverse s'observe en cas de lésion de l'hémisphère droit, lésion qui peut entraîner un déficit dans l'utilisation du kanji, sans que celle du kana soit affectée.

Un autre argument en faveur de cette hypothèse est apporté par les résultats d'expériences de présentation tachistoscopique latéralisée sur des sujets sains : les Japonais perçoivent plus facilement les caractères kana présentés dans le champ visuel droit (hémisphère gauche), alors que la perception des signes kanji est meilleure dans le champ visuel gauche (hémisphère droit).

Des expériences tachistoscopiques du même type menées sur des Chinois font apparaître la même supériorité de l'hémisphère droit dans le traitement des logogrammes, avec cependant une nuance intéressante : ce phénomène n'est observable que pour des logogrammes isolés, et on constate au contraire une supériorité de l'hémisphère gauche pour l'identification de deux logogrammes présentés en association. Or, la langue chinoise fait une utilisation particulière des signes logographiques : isolé, un logogramme constitue un «pictogramme», et il a une signification globale ; mais, dans la communication naturelle, les logogrammes se présentent souvent associés, et, dans ce cas, le second logogramme est appelé «phonogramme», car il apporte une indication phonétique sur la façon de prononcer le premier, ce qui en modifie le sens.

Les observations et les travaux comparatifs effectués sur des populations appartenant à des cultures différentes sont donc cohérents avec le modèle actuel de spécialisation hémisphérique en termes de modes de traitement : l'hémisphère droit semble assurer essentiellement la perception globale d'un sens ou d'une tonalité, et l'hémisphère gauche semble intervenir plus efficacement dans le cas où l'information à traiter se présente comme une séquence de signes soumis à des règles combinatoires, de telle sorte que son interprétation suppose une analyse préalable des rapports entre ses éléments constitutifs.

Sans que soient remis en cause l'intérêt et la qualité de ces travaux, il convient cependant de se garder d'en tirer des conclusions définitives. D'autres études, faisant appel au recueil d'indices électrophysiologiques (potentiels évoqués) ou aux techniques d'imagerie cérébrale – études qui, à notre connaissance, restent à faire –, devront compléter les données dont nous disposons actuellement.

Quoi qu'il en soit, même si l'interprétation des résultats obtenus par Tsunoda demeure délicate, son hypothèse selon laquelle le partage des tâches entre les deux hémisphères cérébraux serait, au moins en partie, déterminé par les caractéristiques de la langue maternelle, orale et écrite, fournit une base intéressante de réflexion. Un des aspects de cette réflexion pourrait concerner la part d'influence respective (ou les interactions éventuelles) de l'oral et de l'écrit sur l'organisation cérébrale. Les rares travaux qui ont été menés en ce sens pour comparer des sujets illettrés et des individus scolarisés ont donné des résultats contradictoires : par exemple, le fait que des lésions hémisphériques gauches entraîneraient moins fréquemment une aphasie chez les illettrés a été montré dans certaines études mais n'a pas été retrouvé dans d'autres.

Enfin, même si les conclusions que Tsunoda croit pouvoir tirer de ses expériences sont à considérer avec la plus grande prudence, sa conception selon laquelle leur singulière organisation cérébrale expliquerait que les Japonais entretiennent un rapport au monde très particulier est intéressante dans la mesure où elle soulève le problème plus général des rapports éventuels entre le schéma de dominance cérébrale d'un individu et son mode d'appréhension de la réalité ; ce que les psychologues désignent comme son « style perceptivo-cognitif », ou plus simplement son « style de pensée ».

Ainsi, si l'on admet l'idée que le cerveau des hommes et celui des femmes seraient différemment organisés, on pourrait concevoir que les deux sexes aient un « style de pensée » différent. C'est peut-être ce que signifie le bon sens (!) populaire en affirmant que les femmes sont plus « intuitives » que les hommes. Mais ne s'agit-il pas là encore d'une idée reçue ? Quoi qu'il en soit, cette notion de style de pensée est suffisamment importante pour mériter maintenant notre attention.

L'artiste et le matheux

Au début du siècle, lorsque Ivan Petrovitch Pavlov notait que « l'expérience montre clairement qu'il existe deux catégories d'individus : les artistes et les penseurs, entre lesquels la distinction est bien tranchée », il ne faisait pas montre d'une grande originalité. Cette dichotomie s'est souvent exprimée sous forme d'oppositions tranchées entre « matheux » et « littéraires », « déductifs » et « intuitifs », « intellectuels » et « artistes » ou, plus récemment, « rationnels » et « créatifs ». Mais, lorsque Pavlov ajoute : « Les artistes embrassent la réalité dans son ensemble, comme une entité vivante, complète et indivisible. Les penseurs, eux, la réduisent temporairement à l'état de squelette. C'est seulement ensuite qu'ils réassemblent les morceaux et tentent de lui réinsuffler la vie », son affirmation acquiert alors une résonance étonnamment moderne. En effet, non seulement il décrit et caractérise les « styles de pensée » qui opposent le penseur et l'artiste, mais il le fait en des termes qui évoquent immanquablement pour le neuropsychologue actuel la distinction entre un hémisphère cérébral gauche « analytique » – qui décomposerait d'abord la réalité pour analyser les rapports qu'entretiennent ses différents éléments – et un hémisphère droit « holistique » – qui saisirait la réalité dans son ensemble, sous la forme de perceptions globales et d'impressions.

Dans cette perspective, la distinction classique entre « artiste » et « rationnel », qui renvoie à deux modes de compréhension du monde fondamentalement différents, trouverait-elle son origine dans l'utilisation préférentielle de l'un ou l'autre hémisphère cérébral ?

Deux langages pour décrire le monde

Dans son remarquable ouvrage *Le Langage du changement* (1980), Paul Watzlawick propose de distinguer langage « digital » et langage « analogique ». Pour illustrer ces deux notions, le plus simple est de considérer les deux textes suivants.

Texte A

Sont admis de plein droit à s'inscrire en vue de :
– la licence de sciences de l'éducation, les titulaires
de tout DEUG ou d'un diplôme d'État préparé en trois ans
et permettant l'exercice d'une profession de santé
ou d'une profession paramédicale figurant
sur une liste arrêtée par le ministre chargé
de l'Enseignement supérieur et par le ministre chargé
de la Santé ;
– la maîtrise de sciences de l'éducation, les titulaires
de la licence de sciences de l'éducation.

Texte B

Glaciers, soleils d'argent, flots nacreux, cieux de braises!
Échouages hideux au fond des golfes bruns
Où les serpents géants dévorés des punaises
Choient, des arbres tordus, avec de noirs parfums!

Le texte A est un extrait de l'arrêté du 9 février 1993 du ministre de l'Éducation nationale et de la Culture. Le texte B est une strophe du *Bateau ivre,* poème d'Arthur Rimbaud. Le seul point commun existant entre ces deux textes est qu'ils sont écrits en français, et donc qu'ils respectent les règles lexicales et syntaxiques de cette langue.

Mais le texte A correspond au langage digital : il peut être décomposé en éléments (phrases, mots) porteurs d'information. De plus, on pourrait changer l'ordre des paragraphes ou remplacer un mot par un de ses synonymes sans modifier profondément le sens du message. Enfin, il est très facile de répondre à la question : « Quel est le sujet dont traite ce texte ? » C'est le langage digital qui est utilisé pour la description, l'explication, le raisonnement. C'est, on l'a vu, le langage de l'administration, mais aussi celui de la communication scientifique, et c'est lui que nous avons employé dans cet ouvrage.

Le texte B est un modèle de langage analogique : il n'est pas destiné à décrire ou à expliquer, mais il vise à susciter des sentiments chez le lecteur, à faire naître des images et des impressions. Les mots et les phrases sont choisis autant – sinon plus – pour leur sonorité et leur rythme que pour leur contenu sémantique, et sont souvent employés dans un sens métaphorique. Par ailleurs, ce texte forme un tout, et on ne saurait supprimer, remplacer ou simplement déplacer un de ses éléments sans modifier complètement son impact sur le lecteur. Enfin, il est très difficile pour le lecteur de dire quel est exactement le sujet abordé par le texte, ou de décrire et *a fortiori* d'expliquer l'impression qu'il a éprouvée à sa lecture.

S'il s'essaie à cet exercice, le lecteur constatera rapidement qu'il est impossible d'exprimer dans un langage digital ce qui relève du langage analogique. C'est pourtant cette mission impossible que s'évertue à accomplir l'enseignant qui se livre à l'« explication » d'un texte poétique, ou le critique d'art « expliquant » une œuvre picturale ou musicale, modes d'expression qui relèvent aussi du langage analogique ; il en est de même pour le sujet qui tente de « raconter » un de ses rêves. En sens inverse, on voit mal comment représenter musicalement, ou sous la forme d'un poème émouvant, une circulaire administrative ou le mode d'emploi d'un robot ménager.

En définitive, selon l'aspect du monde qu'il convient de décrire, le langage digital ou le langage analogique est plus adéquat que l'autre, voire le seul pertinent, dans la mesure où la conversion d'une forme dans l'autre est pratiquement impossible.

Cerveau digital et cerveau analogique

Se pose alors la question de la correspondance entre ces deux formes de langage (digital/analogique) et les deux modes de traitement de l'information (analytique/holistique) attribués aux deux hémisphères cérébraux. Elle peut s'exprimer sous la forme d'une hypothèse à vérifier : l'hémisphère gauche représenterait le « cerveau digital », cerveau de la réflexion, du raisonnement et de la logique ; et l'hémisphère droit, le « cerveau analogique », celui de l'intuition et de l'imagination, de la fantaisie et du rêve. En d'autres termes, empruntés à la psychanalyse – une fois n'est pas coutume –, le cerveau droit serait à la base du « processus primaire », et le gauche du « processus secondaire ».

Ainsi, un individu « rationnel » devrait mobiliser plus facilement et plus fréquemment son hémisphère gauche, contrairement au « créatif », qui utiliserait préférentiellement son hémisphère droit.

S'il est légitime d'énoncer cette hypothèse, il n'est pas aisé de la vérifier. Cette vérification suppose en effet que l'on puisse disposer, d'une part, d'un critère univoque permettant de repérer un individu « rationnel » et de le distinguer d'un « créatif » – ce qui implique au minimum que ces concepts soient définis sans ambiguïté, ce qui est loin d'être le cas –, et, d'autre part, d'un indicateur comportemental mesurable et fiable du fonctionnement hémisphérique afin de déterminer à quel moment et pendant combien de temps un sujet mobilise un hémisphère cérébral ou l'autre.

Pour résoudre le problème de la classification des individus, les tests imaginés et mis au point, qui se présentent souvent sous la forme de questionnaires, sont si nombreux et d'une telle diversité qu'il ne saurait être question d'en faire ici un inventaire exhaustif. Le principal reproche à adresser à ces outils est que leur conception s'appuie le plus souvent sur une idée *a priori* de ce que doit être le comportement observable d'un sujet appartenant à l'une ou à l'autre catégorie à distinguer. De telle sorte que, en admettant que ces tests mesurent effectivement ce qu'ils sont censés mesurer, on ne peut pas considérer que le chercheur dispose à l'heure actuelle d'un outil valable permettant de classer sans ambiguïté les individus en « créatifs » et en « rationnels ».

La situation des indicateurs fiables de l'activation relative des hémisphères cérébraux n'est guère plus brillante. En l'absence de travaux réalisés sur ce thème, faisant appel à l'observation directe et en temps réel de l'activité hémisphérique par l'imagerie cérébrale, certains chercheurs ont pensé à évaluer indirectement cette activité en observant l'orientation des mouvements oculaires du sujet : en application du principe d'action croisée, une activation relativement plus importante de l'hémisphère droit devrait se traduire par une orientation vers la gauche des globes oculaires, et *vice versa*.

Dis-moi où tu regardes, je te dirai qui tu es

Un certain nombre de recherches utilisant les mouvements oculaires comme indice de l'activation hémisphérique ont été publiées. Ainsi, on a remarqué que, chez le droitier, la réalisation de tâches verbales s'accompagne de mouvements oculaires plus souvent dirigés vers la droite, l'inverse étant observé lorsque le sujet doit résoudre des problèmes impliquant des relations spatiales. Ce résultat semble confirmer les rôles respectifs de l'hémisphère gauche dans le langage et de l'hémisphère droit dans le traitement visuo-spatial. On a également observé, chez des sujets soumis à un questionnaire, un plus grand nombre de mouvements oculaires orientés vers la gauche pour les questions à contenu émotionnel que pour les questions neutres.

Par ailleurs, il semble que certains individus seraient spontanément amenés à diriger plus souvent leur regard à droite, d'autres à gauche. Les premiers seraient plus « rationnels », les seconds plus « intuitifs » et « émotifs ».

Le problème de la détermination de ces catégories se pose toujours. Mais l'idée selon laquelle l'observation des mouvements oculaires pourrait donner des indications utiles sur le type d'activité mentale mobilisée par un individu a connu son développement le plus important à partir de la publication en 1979 par Richard Bandler et John Grinder de leur ouvrage *Frogs into Princes*, dans lequel ils posent les principes de la programmation neurolinguistique (PNL), méthode d'observation et d'intervention psychologiques.

Grâce à cette méthode, il serait possible de s'entraîner à décoder les mouvements oculaires d'un interlocuteur, afin d'obtenir ainsi en temps réel des renseignements sur les modes de représentation qu'il met en œuvre (images visuelles construites, images visuelles souvenirs, images auditives...).

La démarche consistant à utiliser la direction du regard comme indicateur de l'activité mentale, voire de la personnalité, représente donc une tentative pour fournir au praticien un outil d'observation commode dans le domaine de la communication non verbale. Mais sa pertinence et sa fiabilité restent encore à prouver. C'est ainsi que, quand la direction du regard n'est pas appréciée par un observateur entraîné pour cela, mais est recueillie et enregistrée automatiquement grâce à un dispositif électro-oculographique, les effets observés sont beaucoup moins nets, et peuvent même complètement disparaître.

Devant cette ambiguïté, certains psychologues préconisent de ne pas tenir compte uniquement de la direction initiale du mouvement oculaire, mais de mesurer la durée totale du regard d'un côté ou de l'autre lorsque le sujet est amené à répondre aux questions, ce dernier paramètre constituant un indicateur plus fiable de l'activation hémisphérique.

En guise de conclusion : un zeste d'épistémologie, quelques applications, et un plaidoyer final

Le lecteur peu ou pas familiarisé avec la démarche expérimentale, et qui a eu le courage méritoire d'arriver à la fin de cet essai, aura peut-être été surpris du regard critique porté par son auteur sur la plupart des résultats obtenus, du nombre de réserves émises et d'une constante prudence dans la formulation, qui s'exprime notamment par l'utilisation plus fréquente du mode conditionnel que de l'affirmatif.

Il en aura peut-être tiré la conclusion que, finalement, on ne sait pratiquement rien sur le mode de fonctionnement des hémisphères cérébraux. Or, tel n'est pas le cas : savoir qu'une connaissance est discutable et qu'un modèle peut être remis en question fait partie intégrante de la connaissance. Le but de la recherche scientifique n'est pas de découvrir et de dévoiler des vérités, contrairement à l'idée reçue, mais de proposer à partir d'observations des modèles théoriques explicatifs du monde à un moment donné de l'histoire, et compte tenu des connaissances disponibles à ce moment.

Tout modèle explicatif est donc destiné à évoluer sous la pression des nouvelles connaissances et, finalement, à être remplacé par un nouveau modèle, plus adéquat pour intégrer l'ensemble des données accumulées sous l'influence de son prédécesseur. Tel fut précisément le cas du modèle de spécialisation hémisphérique, dont on a suivi les avatars dans la première partie de cet ouvrage.

Nul doute que le modèle actuel de différenciation hémisphérique en termes de mode de traitement de l'information devra lui-même, dans quelques années, ou peut-être dès demain, céder la place à une autre conception de l'organisation fonctionnelle des hémisphères cérébraux qui, à son tour, orientera les futures recherches pour plus ou moins longtemps.

De même, si nous avons insisté à plusieurs reprises sur la difficulté que rencontrent les sciences humaines, et notamment la psychologie, pour définir leurs concepts et pour construire des instruments de mesure pertinents et fiables, ce n'est pas pour inciter le lecteur à dresser un constat d'impuissance de la recherche dans ce domaine, mais bien au contraire pour l'amener à réfléchir à la nécessité d'opposer une attitude dubitative (au sens cartésien du terme) et une critique constructive aux affirmations péremptoires et aux fausses certitudes dont nous abreuvent les pseudosciences qui fleurissent actuellement.

Or, le champ de la spécialisation hémisphérique, par la nature même des questions qu'il aborde, représente précisément un lieu où s'expriment ces pseudosciences et où sévissent leurs gourous.

***Réunion de trente-cinq têtes d'expression* (L. L. Boilly).**
L'hémisphère droit joue un rôle prépondérant dans la reconnaissance et dans l'interprétation de l'expression des visages.
Ph. © Musée des beaux-arts de Tourcoing.

La précarité inhérente à tout modèle théorique et la prudence avec laquelle il convient d'examiner les connaissances fournies par la recherche n'impliquent aucunement qu'il faille renoncer à envisager des applications concrètes. Or, la manière dont on conçoit actuellement le fonctionnement cérébral ne peut manquer d'alimenter la recherche appliquée, notamment dans les domaines de la communication, de la pédagogie, de l'éducation au sens large, et plus généralement de tous les processus d'influence au sein de la société.

Ainsi, on peut considérer que, après le succès limité de la « réclame », qui, en tentant de convaincre le consommateur par des arguments logiques (prix, facilité d'utilisation), s'adressait à son hémisphère gauche, la puissante « publicité » moderne applique des techniques d'influence beaucoup plus efficaces qui, à travers l'image, la suggestion, l'allusion, voire l'humour, mobilisent prioritairement notre hémisphère droit. Comment s'étonner alors que le comportement du consommateur soit si peu rationnel !

L'intervention psychologique à des fins thérapeutiques constitue un autre champ d'application des processus d'influence. Dans ce cadre, un certain nombre de praticiens s'appuient sur le modèle de spécialisation hémisphérique pour affirmer que l'efficacité de l'intervention passe par l'utilisation du langage analogique : selon eux, il est illusoire de vouloir agir efficacement sur l'autre en tentant de le convaincre par des arguments logiques relevant d'un traitement par l'hémisphère gauche ; au contraire, le « langage du changement » s'adresse en priorité à l'hémisphère droit et vise à suggérer au patient une nouvelle image du monde et de sa relation au monde, et ainsi à modifier la vision qu'il s'est construite de son problème.

Mais cette suggestion n'est possible que si l'hémisphère gauche, critique et raisonneur, a auparavant été mis « hors circuit ». On peut penser que certaines techniques utilisées par l'hypnose ou la sophrologie pourraient remplir cette fonction de déconnexion de l'hémisphère gauche, soit en le noyant sous un flot de paroles ambiguës et dénuées de lien logique, comme dans l'hypnose ericksonienne, soit en répétant à l'infini le même message sur un ton monotone, comme dans le discours sophronique.

C'est aussi cette mise à l'écart de l'hémisphère gauche qui est préconisée par Betty Edwards, avec sa méthode originale d'apprentissage du dessin présentée en 1979 dans son ouvrage *Dessiner grâce au cerveau droit.* Il s'agit, selon elle, de tenir compte des rapports spatiaux entre les éléments du dessin, activité dans laquelle le cerveau droit excelle, en évitant la contamination par l'hémisphère gauche, qui, en introduisant un étiquetage et une signification, amène à dessiner ce que l'on sait et non ce que l'on voit. Pour ce faire, cette méthode propose, entre autres exercices, de s'entraîner à reproduire des dessins présentés à l'envers. Les résultats obtenus semblent très convaincants.

Sur les mêmes bases théoriques, une méthode d'enseignement des langues vivantes élaborée sur le principe de la «réponse physique totale» fut mise au point. Cette méthode s'appuie essentiellement sur l'utilisation, au début de l'apprentissage, du mode impératif de préférence à l'indicatif, afin d'amener l'apprenant à répondre par des actions immédiates et directes à des ordres donnés dans une langue étrangère. Selon son auteur, cela permettrait d'éviter que l'apprenant ne se livre automatiquement et continuellement, par l'intermédiaire de son hémisphère gauche, à une traduction systématique en langue maternelle, préjudiciable à une bonne assimilation de la nouvelle langue.

Comme on le voit, de façon très pragmatique et souvent empirique, certains praticiens se réfèrent à des modèles de spécialisation hémisphérique pour justifier leur pratique ou mettre au point de nouvelles techniques. On peut regretter que ces tentatives soient trop souvent négligées ou ignorées par les chercheurs plus « fondamentaux », car elles nous paraissent susceptibles de leur procurer un terrain fertile d'expérimentation à des fins de vérification de leurs hypothèses et de validation de leurs modèles.

Si l'on admet que l'éducation en général et l'enseignement en particulier sont des vecteurs privilégiés de transmission des valeurs sociales, il paraît difficile de nier que nos sociétés occidentales, techniques et « avancées » (!), valorisent surtout un mode de pensée analytique et rationnel, qui favorise les individus possédant un « bon » cerveau gauche. La société nord-américaine en est sans doute l'exemple le plus démonstratif, et plusieurs chercheurs aux États-Unis, parmi lesquels Sperry, ont attiré l'attention des responsables de la politique éducative sur ce problème.

Estimant que ce déséquilibre, en faveur d'un certain type de pensée, pouvait avoir des conséquences très négatives sur le développement harmonieux des individus, ces chercheurs plaident la cause d'un rééquilibrage des programmes de formation afin que cesse l'impérialisme du raisonnement et de la verbalisation.

Nous ne prendrons pas position ici sur un sujet aussi sensible, et en particulier sur le caractère, utopique ou réaliste, dans nos types de sociétés, des propositions qui ont pu être avancées. Nous ferons cependant remarquer que la France, peut-être du fait de sa très ancienne tradition humaniste, connaît une situation plus ambiguë, voire paradoxale.

Par l'intermédiaire du système scolaire, un rôle essentiel de sélection est attribué aux disciplines scientifiques, et, dans le même temps, les sondages montrent que les connaissances scientifiques ne sont généralement pas considérées par les Français comme faisant partie de la culture. Tout se passe comme si un clivage était opéré entre « culturel » et « rationnel » ; seul l'hémisphère droit serait considéré comme créatif et « culturel ». C'est là une conception pour le moins restrictive de la culture et de la créativité, car la vraie créativité – qui inclut la production des connaissances scientifiques au même titre que les recherches esthétiques ou artistiques – combine intuition et logique.

Plusieurs découvertes scientifiques majeures ne doivent rien au raisonnement, et ont été réalisées, ou plus exactement imaginées, au cours d'états de conscience proches de la rêverie ou de la relaxation. Un des exemples les plus connus de découverte par intuition est le rêve raconté par le chimiste August Kekulé von Stradonitz, par lequel lui a été littéralement révélée, comme par illumination, la structure cyclique de la molécule de benzène, un soir de somnolence où son esprit vagabondait devant le spectacle d'un feu de cheminée.

Si le processus scientifique de validation d'une hypothèse, qui implique manifestement l'hémisphère gauche, est bien connu et enseigné en classe, personne ne semble en mesure de former les élèves au processus intuitif qui amène à la génération de l'hypothèse, et qui semble plutôt faire appel à des aptitudes de l'hémisphère droit. D'ailleurs, par sa nature même, l'intuition ne peut être enseignée, mais on peut penser qu'une bonne éducation de l'hémisphère droit pourrait permettre un développement des qualités intuitives, nécessaires mais non suffisantes pour une pensée créative.

Il nous semble certain, en tout cas, que ne sauraient accéder à la vraie créativité les demi-individus que forme notre système éducatif, systématiquement amputés d'une moitié de leur cerveau, qu'elle soit de droite ou de gauche !

A N N E X E S

Glossaire

Activités cognitives : ensemble des mécanismes psychologiques par lesquels un individu prend connaissance de son environnement et adapte sa conduite.
Agénésie (du corps calleux) : absence congénitale de formation du corps calleux au cours du développement embryonnaire.
Agnosie : trouble de la reconnaissance des objets, en l'absence de déficience intellectuelle ou de troubles sensitifs. L'agnosie peut être tactile, auditive ou visuelle, selon la localisation de la lésion qui l'a engendrée.
Agraphie : trouble de l'écriture se manifestant par une difficulté ou une impossibilité d'écrire spontanément ou sous la dictée, survenant chez un individu qui écrivait correctement auparavant.
Aire de Broca : zone de l'écorce cérébrale située au pied de la circonvolution frontale ascendante de l'hémisphère gauche, dont la destruction s'accompagne d'une perte de la capacité à produire le langage articulé (aphasie de Broca, ou aphasie à émission verbale réduite, ou aphasie motrice, ou anarthrie).
Aire de Wernicke : zone de l'écorce cérébrale située dans la partie postérieure de la première circonvolution temporale de l'hémisphère gauche, dont la destruction s'accompagne d'un trouble de la compréhension des mots entendus. L'articulation des mots est conservée, mais le malade s'exprime dans un jargon incompréhensible (aphasie de Wernicke, ou aphasie à émission verbale fluide, ou aphasie sensorielle).
Alexie : trouble de la lecture se manifestant par une difficulté ou une impossibilité à lire et à comprendre les signes graphiques, survenant chez un individu qui lisait correctement auparavant.

Amytal sodique : substance chimique ayant des propriétés hypnotiques, dont l'injection carotidienne provoque une mise hors circuit temporaire et réversible d'un hémisphère cérébral (méthode de Wada).

Anosognosie : trouble du comportement consistant chez un sujet, généralement hémiplégique gauche, à nier sa maladie, et pouvant même aller, dans les cas extrêmes, jusqu'à attribuer la partie déficiente de son corps à une autre personne.

Aphasie : terme générique désignant l'ensemble des troubles du langage provoqués par une lésion d'une structure cérébrale.

Apractognosie : terme générique désignant l'ensemble des troubles de la reconnaissance des objets (agnosie) et des troubles de la motricité volontaire (apraxie) en l'absence de déficit intellectuel important, de trouble sensoriel, de paralysie, ou de trouble de la coordination motrice.

Apraxie : trouble de la motricité volontaire en l'absence de déficit intellectuel important, de paralysie, ou de trouble de la coordination motrice. L'apraxie peut porter sur des gestes volontaires élémentaires (apraxie idéomotrice) ou sur des gestes plus complexes (apraxie idéatoire), ou encore affecter la reproduction de formes, par le dessin notamment (apraxie constructive).

Artères carotides : on désigne sous ce terme un ensemble de grosses artères qui, après avoir cheminé dans le cou, pénètrent dans la boîte crânienne, et assurent une grande partie de l'alimentation sanguine du cerveau.

Cellules gliales (ou névroglie) : ensemble de cellules entourant les neurones, et constituant la plus grande part de la masse cérébrale. Les cellules gliales jouent un rôle de protection et de nutrition du tissu cérébral.

Cybernétique : science qui a pour objet l'étude des circuits permettant les échanges de communication et les circuits de régulation chez les organismes naturels (êtres vivants) ou artificiels (machines).

Épistémologie : branche de la philosophie qui a pour objet l'étude critique des sciences, des conditions d'élaboration et de la valeur des connaissances scientifiques.

Faisceau arqué : ensemble de fibres nerveuses qui relie, à l'intérieur d'un hémisphère cérébral, l'aire de Broca et l'aire de Wernicke. La destruction du faisceau arqué s'accompagne d'une aphasie de conduction : le malade comprend les mots, mais ne peut les répéter.

Gestalt Psychologie (ou psychologie de la forme) : mouvement apparu en Allemagne dans la première moitié du XXe siècle. Dans le domaine de la perception, il s'oppose à l'associationnisme en postulant qu'une forme est perçue comme un tout, et ne se réduit pas à l'ensemble des parties qui la composent.

Holistique : se dit d'un mécanisme ou d'un mode de traitement selon lequel la perception d'un objet s'opère de façon globale et simultanée, sans identification préalable des parties qui le composent. La perception d'un visage se fait de façon holistique.

Imagerie cérébrale : ensemble de techniques non traumatisantes qui permettent de visualiser l'anatomie du cerveau, et d'étudier son fonctionnement, en fournissant des images reflétant les variations de débit sanguin dans les différentes structures cérébrales. Les plus utilisées actuellement sont l'imagerie par résonance magnétique nucléaire (RMN) et la tomographie par émission de positons (TEP).

Informations centrifuges : on désigne par ce terme les messages nerveux qui ont pris naissance au niveau du cerveau, et empruntent les voies motrices en direction de la périphérie (muscles).

Informations centripètes : ce terme désigne les messages nerveux qui ont pris naissance à la périphérie (récepteurs) et empruntent les voies sensorielles en direction du cerveau.

Localisationnisme : à l'origine, ce terme désignait la conception selon laquelle les différentes fonctions psychologiques étaient réalisées dans des zones cérébrales bien localisées. Actuellement, l'approche localisationniste consiste essentiellement à étudier les relations entre des comportements observables et le fonctionnement de certaines structures cérébrales localisées.

Microprocesseur : c'est la « puce » autour de laquelle est construit l'ordinateur. Les calculs et toutes les opérations logiques sont réalisées par le microprocesseur. On compare souvent, de façon métaphorique, le neurone à un microprocesseur, et le cerveau à un ordinateur complexe.

Noyaux gris centraux : structures neuronales situées dans la masse du cerveau, et essentiellement constituées par les noyaux du thalamus, de l'hypothalamus, et les structures striaires. Ils sont qualifiés de « centraux » pour les distinguer de la substance grise constituant l'écorce cérébrale.

Phénomène de vicariance : on désigne sous ce terme la prise en charge d'une fonction par une structure cérébrale nouvelle, suite à la défaillance de la structure qui devait assurer normalement cette fonction. C'est grâce à ces phénomènes de vicariance que le cerveau est susceptible de manifester une certaine plasticité dans son organisation fonctionnelle.

Phrénologie : théorie émise par Gall au XXe siècle, selon laquelle il serait possible, par la simple palpation de ses bosses crâniennes, de repérer les fonctions mentales particulièrement développées chez un individu.

Planum temporale : région située à la surface supérieure du lobe temporal et correspondant aux zones qui, dans l'hémisphère gauche, sont impliquées dans la compréhension du langage (aire de Wernicke).

Processus epigénétique : terme employé pour désigner la théorie selon laquelle un individu se développe par différenciation successive de nouvelles structures. La conception épigénétique s'oppose à celle d'une préformation strictement déterminée par les gènes.

Prosopagnosie : trouble de la reconnaissance des visages consistant en une impossibilité, pour le patient qui en est atteint, d'identifier visuellement un visage connu de lui, en l'absence de détérioration intellectuelle ou de trouble de la vue.

Splenium (du corps calleux) : partie postérieure du corps calleux, dont les fibres nerveuses sont impliquées dans les échanges d'informations visuelles entre les deux hémisphères.

Style de pensée : manière relativement stable et habituelle manifestée par un individu donné pour percevoir et mémoriser un ensemble de situations (style perceptivo-cognitif), et pour réagir à ces situations (style réactionnel). On étudie le style de pensée à l'aide de questionnaires ou en plaçant le sujet dans des situations de résolution de problèmes.

Subvocalisation : mise en tension et mobilisation des organes phonatoires, mais sans émission sonore audible.

Bibliographie

EDWARDS, B., *Dessiner grâce au cerveau droit,* Mardaga, 1979.
GAZZANIGA, M., *Le Cerveau dédoublé,* Dessart & Mardaga, 1970.
HECAEN, H., *La Dominance cérébrale. Une anthologie,* Mouton, 1978.
ROCH LECOURS, A., et LHERMITTE, F., *L'Aphasie,* Flammarion, 1979.
SÉRON, X, & JEANNEROD, M., *Neuropsychologie humaine,* Mardaga, 1994.
WATZLAWICK, P., *Le Langage du changement,* Le Seuil, 1980.
« Le Cerveau », *Pour la science,* numéro spécial n° 25, novembre 1979.
« Le Cerveau et la pensée », *Pour la science,* numéro spécial n° 181, novembre 1992.

Index

(Les pages en *italique* renvoient aux illustrations)

Dans la même collection

Sciences

n° 6 - *Vivre avec les insectes* de Pierre Ferron
n° 10 - *La Relativité* de Nayla Farouki
n° 12 - *Système Terre* d'Ichtiaque Rasool
n° 13 - *Sous l'atome les particules* d'Étienne Klein
n° 21 - *Le Système solaire* de Thérèse Encrenaz
n° 23 - *La Vie dans le Cosmos* de François Raulin
n° 24 - *La Forêt* d'Yves Birot et Jean-François Lacaze
n° 28 - *Le Climat de la Terre* de Robert Sadourny
n° 31 - *Le Cerveau* de Jacques-Michel Robert
n° 33 - *Les Océans* de Jean-François Minster
n° 34 - *La Pollution atmosphérique* de Gérard Mouvier
n° 37 - *Les Hommes et leurs gènes* d'Albert Jacquard
n° 43 - *La Physique et l'Infini* de Jean-Pierre Luminet et Marc Lachièze-Rey
n° 49 - *La Chimie nouvelle* de Pierre Laszlo
n° 51 - *L'Eau* de Ghislain de Marsily
n° 52 - *Le Temps* d'Étienne Klein
n° 54 - *L'Univers* d'Alain Blanchard
n° 59 - *Le Vieillissement, faits et théories* de Ladislas Robert
n° 68 - *La Logique* de Gilles Dowek
n° 73 - *Le Chaos* d'Ivar Ekeland
n° 76 - *Érosion et Paysages naturels* de Jean Riser
n° 82 - *Les Sciences cognitives* de Jean-Gabriel Ganascia
n° 89 - *L'Espace-Temps* de Jean-Paul Auffray
n° 91 - *L'Énergie* de Jean-Louis Bobin
n° 97 - *La Pollution des mers* de Jean-Claude Lacaze
n° 99 - *La Physique quantique* d'Etienne Klein
n° 102 - *Le Génie génétique, de l'animal à l'homme* ? De Louis-Marie Houdebine

n° 103 - *La Radioativité* de Jean-Marc Cavedon
n° 107 - *Végétation et Atmosphère* de Bernard Saugier
n° 110 - *Le Noyau de la terre* de Jean-Paul Poirier
n° 111 - *L'Antimatière* de Gabriel Chardin
n° 114 - *Le Génome humain* de Charles Auffray
n° 118 - *La Biosphère* de Michel Lamy
n° 123 - *Bactéries, Virus et Champignons* de Xavier Rolland
n° 125 - *L'Antarctique* de Claude Lorius et Roger Gendrin
n° 130 - *L'Infini en mathématiques* de Norbert Verdier

Médecine

n° 5 - *L'Insomnie* de Jean-Michel Gaillard
n° 9 - *La Procréation médicalisée* de Jacques Testart
n° 19 - *Les Greffes d'organes* de Laurent Degos
n° 31 - *Le Cerveau* de Jacques-Michel Robert
n° 38 - *La Peau et son vieillissement* de Philippe Franceschini
n° 39 - *La Douleur* de Marc Schwob
n° 40 - *Le Sida* de Raymond Daudel et Luc Montagnier
n° 44 - *Alimentation et Santé* de Christian Rémésy
n° 47 - *La Ménopause* de Lucien Chaby
n° 53 - *Anorexie, Boulimie, Obésité* de Gérard Apfeldorfer
n° 56 - *Les Allergies* de Jean Bousquet et François-Bernard Michel
n° 59 - *Le Vieillissement, faits et théories* de Ladislas Robert
n° 63 - *Le Sang* de Jean Bernard
n° 64 - *La Maladie mentale, recherches et théories* de Christian Spadone
n° 66 - *Les Drogues* de Denis Richard
n° 67 - *La Schizophrénie* de Nicolas Georgieff
n° 74 - *La Chirurgie esthétique* de Vladimir Mitz
n° 75 - *Le Généraliste et son Patient* de Monique Guérin
n° 81 - *La Responsabilité médicale* de Guy Nicolas
n° 84 - *La Médecine de demain* de Jean Bernard
n° 88 - *La Sexualité masculine* de Sylvain Mimoun et Lucien Chaby
n° 113 - *Les bonnes Calories* de Christian Rémésy
n° 117 - *Le Médicament* de Denis Richard et Jean-Louis Senon
n° 123 - *Bactéries, Virus et Champignons* de Xavier et Laurence Rolland
n° 127 - *Le Système immunitaire* de Louis Perrin
n° 131 - *La Prévention des cancers* de Maurice Tubiana

Société, éducation

n° 2 - *La Mémoire, du cerveau* à l'école d'Alain Lieury
n° 8 - *L'Explosion démographique* d'Albert Jacquard

n° 11 - *École et Tiers Monde* de Sylvain Lourié
n° 15 - *La Bioéthique* de Jean Bernard
n° 16 - *Nourrir les hommes* de Louis Malassis
n° 17 - *Apprendre de 0 à 4 ans* de Pierre-Marie Baudonnière et Claudine Teyssèdre
n° 18 - *Les Prisons* de Jean Favard
n° 41 - *Les Sectes* de Bernard Fillaire
n° 60 - *L'Action humanitaire* de Rony Brauman
n° 69 - *Vivre après 60 ans* de Maximilienne Levet
n° 71 - *L'Auto et la Ville* de Gabriel Dupuy
n° 72 - *Citoyenneté et politiques sociales* d'Annick Madec et Numa Murard
n° 77 - *Le Paysage* de François Béguin
n° 78 - *La Ville et l'Urbanisme* de Jean-Paul Lacaze
n° 80 - *Travail salarié, Travail indépendant* de Michel Paysant et Fabrice Batty
n° 86 - *Le Divorce* de Colette Holstein
n° 87 - *Les Universités américaines* de Pierre Lazlo
n° 95 - *Les Indiens d'Amérique* de Philippe Jacquin
n° 98 - *L'Idéologie du New Age* de Michel Lacroix
n° 100 - *Architecture et modernité* de Daniel Pinson
n° 101 - *La Télévision* Jean Cluzel
n° 104 - *Les Troubles de la personnalité* de Vittorio Lingiardi
n° 116 - *Risques et Assurance* de Pierre-André Chiappori
n° 119 - *La Langue française* de Ada Giusti
n° 121 - *Les Banlieues* de Hervé Vieillard-Baron
n° 124 - *L'Adolescente et son corps* de Lucien Chaby
n° 129 - *La Psychologie de la perception* de Manuel Jimenez

Mais n'oubliez pas, dominos c'est aussi
la technique, l'économie, le droit,
les religions, l'art...

Ont collaboré à l'ouvrage

Édition : Sophie Senart
Conception graphique : Daniel Leprince
Illustrations : Fractale
Recherche iconographique : Marie-France Naslednikov
Corrections : François Thomas, Valérie Zerguine, Catherine Houchot

Photo de couverture :
Marché d'esclaves avec le buste invisible de Voltaire. *Par cette figure réversible, Salvador Dalì nous donne à voir la « réalité » de deux manières très différentes.*
Ph. © Édimédia.

Achevé d'imprimer en mars 1997
sur les presses de
l'Imprimerie Hérissey à Évreux
N° d'éditeur : FC 546303
N° d'imprimeur : 76391
Dépôt légal : mars 1995